只要依配方混合，
任誰都能簡單製作

釉藥手作帖

野田耕一 著

目次

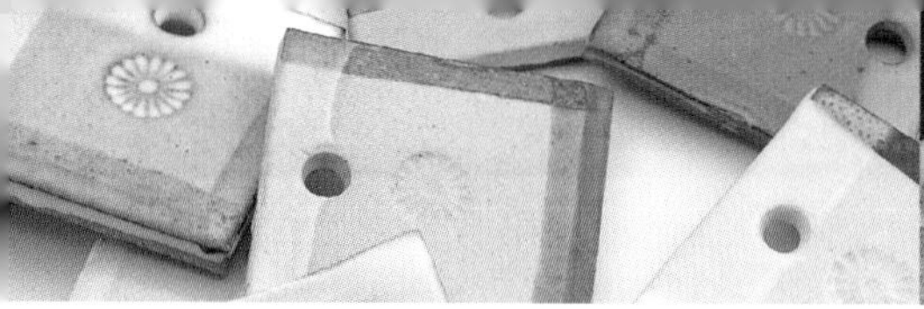

小專欄

調合釉藥只要「將各種原料計量後混合」即可

釉藥的原料各有其作用。只要將各自作用所需的原料依適當分量秤重混合，就能調合出想要的釉調及顏色。釉藥的調合其實意外地簡單。就算不懂化學變化或是艱澀的理論，只要按照釉藥調合表所記載的內容，量秤各原料，加上適量的水混合在一起就可以了。

調合釉藥所使用的道具

①磅秤

磅秤有「彈簧秤」、「天秤」以及「電子秤」等不同種類。基本上會視要製作的釉藥數量，選用適當大小的磅秤，但也要充分確認各種磅秤的「使用範圍」與「最小刻度」。特別是在試作調合的時候，因為只需要計量少量原料，必須選用可以計量mg單位的磅秤種類。

②篩網（各種節網）

將混合好的釉藥通過篩網，過濾掉結塊的部分。篩網的號數指的是1平方cm當中的孔徑目數，數字愈大，代表孔徑愈細。在陶藝的領域，主要使用30目～150目，但會因為釉藥種類的不同而區分使用。粒子的大小會影響到釉調，請多加注意。

此外，鐵分較多的釉藥，因為篩子上容易附著鐵分的關係，請與其他釉藥分開，使用別的篩網。

③容器

依照製作數量不同，請準備2～3個容器。

調合2kg以上時，需要準備桶子。但如果是總量200～1000g程度的試作數量，可以拿洗臉盆或是料理碗來代替使用。

④橡膠刮板

調合過程中，會需要反覆進行幾次一邊以篩子過濾，一邊倒入容器的作業。如果有橡膠刮板的話，可以將容器內的釉藥刮除乾淨，非常方便。

⑤湯匙

將少量原料自袋中取出時使用。使用於顏色較深的原料後，請充分擦拭乾淨，再使用於其他原料。

⑥紙

每種原料各自準備一張紙，於計量時舖設在各原料底下，方便分別取用原料時使用。另外，事先在紙上標記各原料名稱，也可以避免計量錯誤發生。

關於濕潤原料的處理方式

釉藥的原料要在乾燥的狀態下計量。濕潤的原料會因為水分的重量而導致無法正確計量。特別是長石類或矽石，因為很容易吸入水分的關係，如果呈現較大的結塊現象，或是用手碰觸感覺到濕氣時，請先用火烤等方式使其乾燥後再行計量。如果是大量使用原料的場合，可以先將100g原料乾燥，再將乾燥前後的重量差異算出含水率，依所需用的原料數量，計算出實際計測的數量。

※原料可以向第95頁刊載的業者購買。

關於釉藥的濃度

釉藥會因為厚度不同而產生不同的燒成結果，因此需要事先調節出基準濃度。釉藥的濃度可以在素燒的試片上施釉測試，或者是使用比重計進行確認。濃度會因為釉藥的種類不同而有所不同，請調整成比重度約在40～70之間的適度濃度。建議可以將比重調整為50左右較佳。調合分量的參考依據，可以將粉末原料重量約8成重量的水加入調合，比重就會成為50左右。

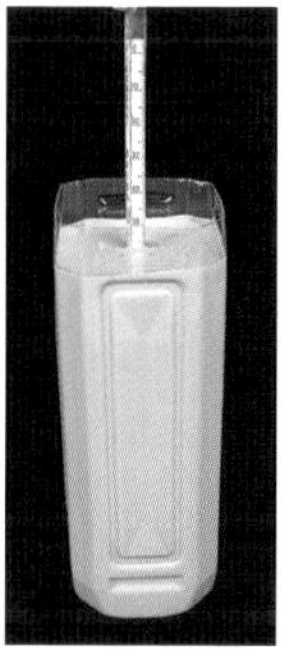

將釉藥倒入如寶特瓶般的細長容器，再以比重計量測

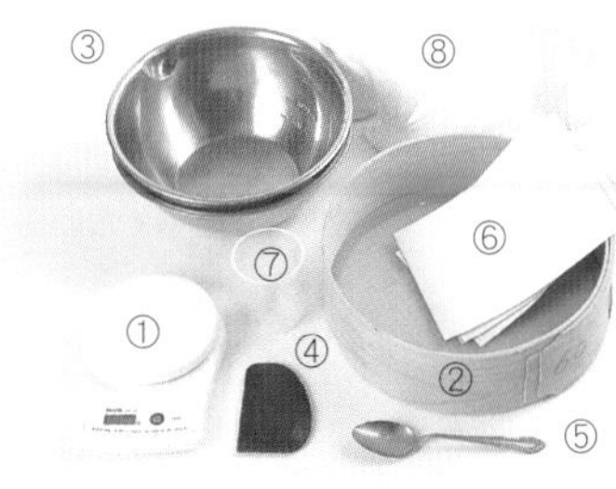

①磅秤、②篩網、③容器、④橡膠刮板、⑤湯匙、⑥紙、⑦量杯、⑧各種原料

釉藥（約1kg）的調合方法

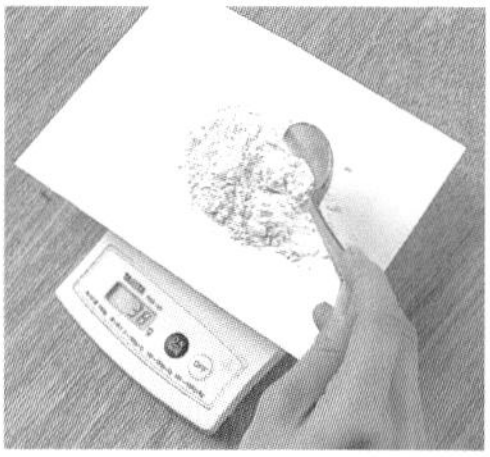

① 磅秤上鋪一張紙，量測各原料

※每種原料分別準備專用紙張，依照調合表寫上各原料名及分量，可以避免計量錯誤的發生。

② 所有的原料計量完成後，將所有的原料倒進盆中，加入量杯4杯分（約800cc）的水，用手一邊將原料揉開，一邊充分混拌。

※水的分量要依照不同釉藥進行調節，先調合成稍濃的狀態，後續要調整濃度時會比較容易作業。

③ 一邊用手按壓，一邊通過篩網2回以上，直到將結塊完全去除為止

※將每種原料分別準備紙張，寫上各原料名及分量，可以避免錯誤。

大量使用濕潤原料時的計算方法

例如：「調合需要使用到5kg的福島長石，但原料處於潮溼的狀態」

將100g的潮溼福島長石放入鍋中，在瓦斯爐上烘烤，等到呈現完全乾燥鬆散的狀態後，放至冷卻等待計量。（此處以乾燥後為85g作為範例）

潮溼原料的倍率

100g÷85g ≒ **1.18**

↓

實際計量

5kg×1.18 =5.9k**g**

如同右方的計算，要想加入福島長石本來的重量，必須加入1.18倍分量的潮溼原料。因此如需5kg的福島長石，必須要計量5.9kg才行。

燒成（釉燒）與釉藥調合

依燒成方式而呈現不同的燒成結果

釉藥一般調合成會在釉燒（1220~1280℃）狀態下熔化。素坯與釉藥在1200℃左右會開始呈現玻璃化，而在1220℃時，釉藥會變成麥芽糖狀。當釉藥適度熔解時，燒成就結束了。

釉燒有好幾種不同的燒成方法，最為一般的方法是「氧化燒成」與「還原燒成」。本書就是以這2種類燃燒方式的色樣來為各位介紹不同的釉藥。

氧化燒成顧名思義，是在爐內充分供應氧氣的燒成方法。另一方面，還原燒成則是在爐內碳素濃度高的狀態下進行燒成。通常在約900℃~1250℃的溫度，使爐內充滿不完全燃燒的火炎，讓素坏及釉藥中的氧化化合物產生還原。

此外，在氧化燒成與還原燒成的中間還有「中性」「弱還原」等燒成方法，以及冷卻時仍然保持還原狀態的「冷卻還原（碳化）」燒成方法。

熔化溫度（熔解溫度）會因為調合狀態而有所不同，但一座窯內如果有需要在不同溫度條件下熔化的釉藥混雜其中的話，燒成的效果不佳。因此一般都會調合成可以在相同溫度區域熔化。然而，依照原料及釉調的不同，無論如何都無法避免會有需要較高溫或較低溫條件的狀況。

此外，既有可在配合氧化燒成或是還原燒成等單一環境燒成方式用的調合釉藥，也會有需要更講究燒成方式釉藥。

本書所刊載的色樣，主要是由大型（17kW）電爐進行燒成。燒成模式請參考左側的溫度曲線圖。

※不同的窯爐，燒成結果也會不同。請將燒成曲線圖當作參考即可。

燒成模式

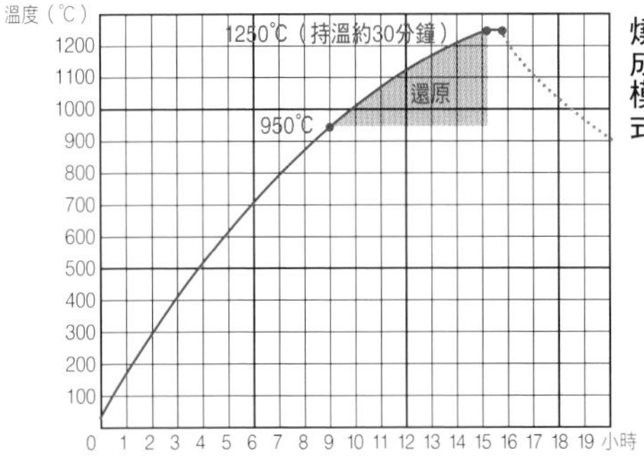

釉藥樣本的試燒片

本書的色樣乃使用一般的赤土（黃陶）與白土（白陶）製作成70×70×7mm黏土板，加入實際製作作品時具有參考價值的各種要素，製作成試燒片。

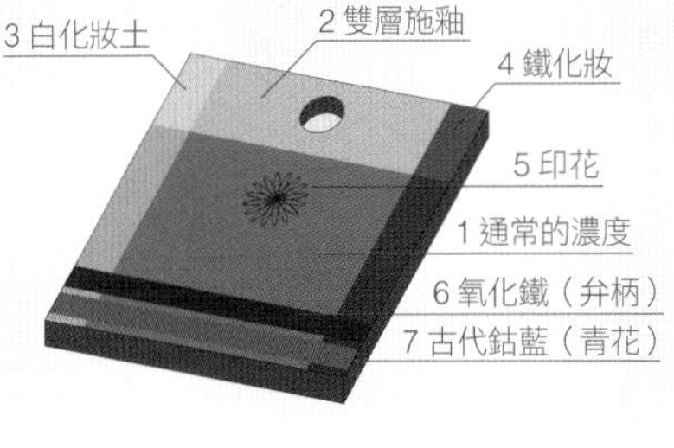

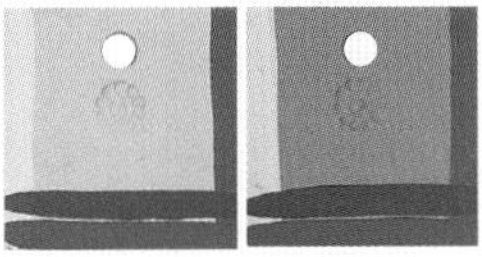

施釉前的素燒素坏
・右：黃陶（赤土1號K）
・左：白陶（古信樂 細目）

※本書所使用的黏土是購自於（株）SHINRYU。

第一章

以石灰透明釉為基底，調合基礎釉

市售的石灰透明釉，因為是特性穩定而且外觀漂亮的透明釉而獲得愛用；然而另一方面，也是一款變化幅度較小，欠缺趣味性的釉藥。本書是將市售的石灰透明釉添加5種不同的原料進行調成，使其變化成無光釉或土灰釉等基礎釉。請各位運用像這樣的如同密技一般的調合技巧，隨手嘗試調合成各種不同的釉藥吧！

使石灰透明釉產生變化的 5 種原料

添加如同鹼類與結晶劑等原料，將單調的石灰透明釉變化得更有趣味性。作為基底的石灰透明釉屬於較穩定的釉藥，因此將其變化後的釉藥也可以作為基礎釉使用，用途廣泛。

原料的狀態	原料的特徵	原料名	
	天然的松木灰，是將松木燃燒後的餘灰浸泡在水中產生灰汁，將多餘的鹼分去除後，再將顆粒調整過後的產品。主成分是碳酸鈣，另外還含有鐵分等其他各式各樣的雜質成分，會讓色調及釉調呈現出變化。	天然松木灰	鹼類
	這是主成分碳酸鎂的鹼類。製作無光感釉藥的時候，添加約5%以上便會因為結晶作用而呈現出白濁外觀。然而，如果超過一定量的話，就會因為無法完全熔化，形成細微的白斑點。	菱鎂礦	
	性質接近瓷土的原料，主成分是氧化鋁。在釉藥當中的作用是黏著，可以減少釉藥的流動性，也可以使釉藥更容易附著在素坯上。超過一定量後，失透感增加，外觀會喪失透明感。	高嶺土	氧化鋁類
	氧化鈦是非常強力且穩定結晶劑。在3號石灰釉添加約10%左右，可使外觀變為白濁，呈現出如珍珠般光輝的獨特細微結晶。釉藥表面也會變成無光狀態。	氧化鈦	結晶劑類
	氧化金紅石也稱為金紅石，是一種含有鐵分的鈦礦石。其結晶作用與氧化鈦雖然幾乎相同，但因為些微含有鐵分的影響，在氧化燒成時會呈現出奶油色的乳濁外觀，還原燒成時則帶有青色調。	金紅石	

6種原料的功用

在石灰透明釉中添加一種其他類的原料，使其產生變化。因為不同的添加原料所形成的作用各有不同，使得調合完成的釉藥也會呈現出各式各樣不同的變化。簡單說來，就是要刻意打破透明釉過於四平八穩的比例均衡，調合成具有趣味性的釉藥。

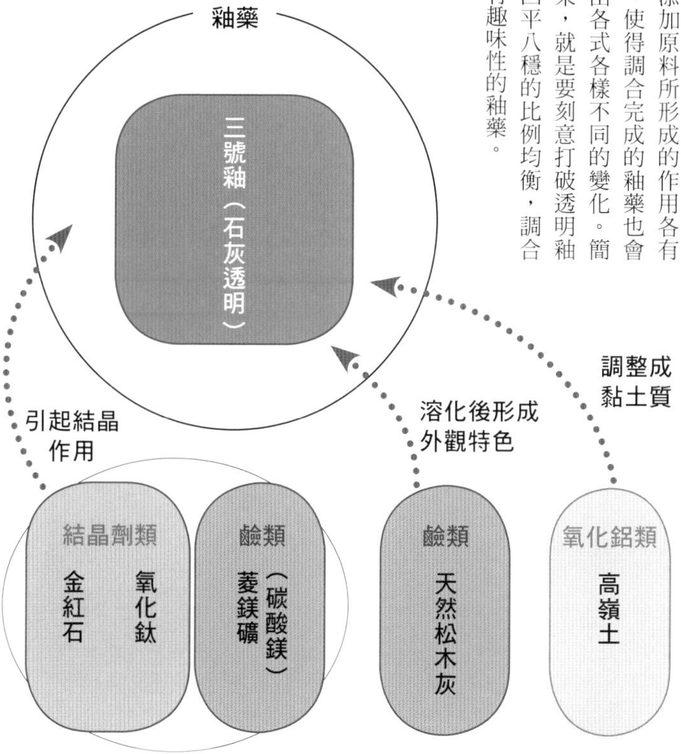

以石灰釉為基礎釉的調合一覽表

釉藥名 原料	土灰釉〔1〕	無光白釉〔1〕	無光 高嶺土釉〔1〕	鈦結晶釉	金紅石結晶釉
三號釉（石灰透明）	100	100	100	100	100
天然松木灰	40				
菱鎂礦（碳酸鎂）		15			
氧化鈦				10	
金紅石					10
高嶺土			15		

※製作釉藥時使用的篩網皆為60目

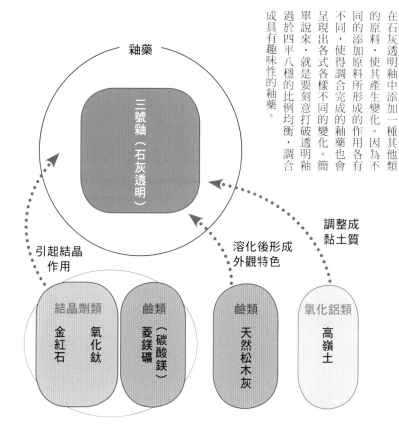

土灰釉〔1〕 01

黃陶　白陶

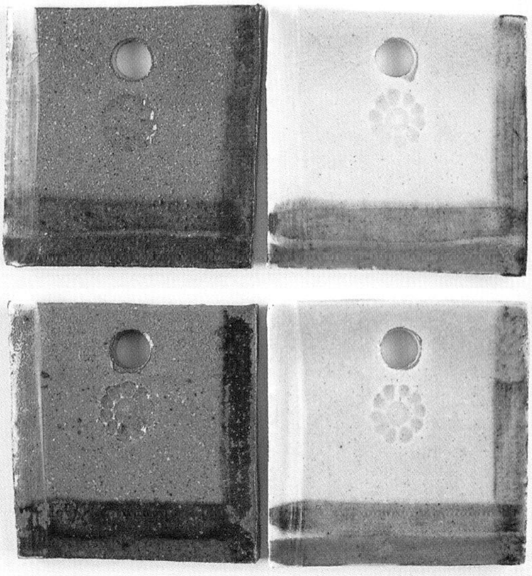

氧化燒成

還原燒成

松木灰中所含有的鐵分等雜質成分，會讓石灰透明釉帶有一些淺色調。如雜質成分較多的話，氧化燒成時會帶黃色調，還原燒成時則增加青色調。松木灰的主成分碳酸鈣（鹼類）的效果會使得熔點降低。

三號釉（石灰透明）
100

天然松木灰
40

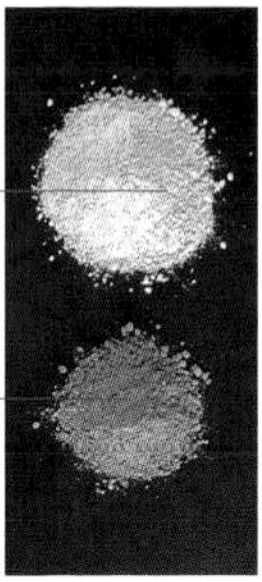

何謂石灰透明釉

「石灰透明釉」無色透明具有光澤，是一種冰裂較少的釉藥。

在釉藥調合的基本3要素（矽酸成分：固定作用）、（鹼分：熔化作用）、（氧化鋁分：黏著作用）當中，以熔化作用為目的的鹼分，主要就是使用這種含有石灰（鈣質）的透明釉。

日本陶料生產的一號釉及三號釉相當知名，兩者的熔化溫度各有不同。分別調合成一號釉約1280℃（SK9）（註），三號釉約1230℃（SK7）可以熔化成透明狀。

除了可以單獨使用當作透明釉之外，也可以作為色釉的基礎釉，或如本書所示範作為其他釉藥的基底來使用，是一種用途非常廣泛的釉藥。

粉末狀的三號釉（石灰透明）

黃陶　白陶

三號釉（石灰透明）的色樣。上為氧化燒成，下為還原燒成。

※註：「SK」指的是測溫錐的號數。數字愈大則代表熔解溫度愈高。

02 無光白釉〔1〕

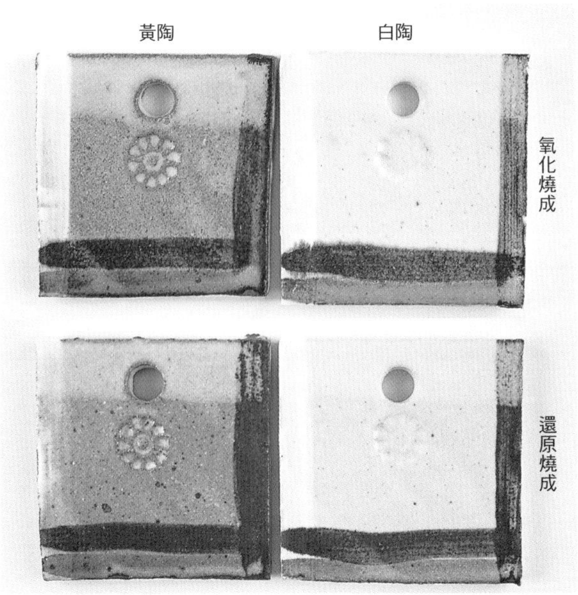

碳酸鎂的結晶作用會使石灰透明釉變得白濁。此外，也會抑制釉藥表面的光澤程度，增加無光感。碳酸鎂如果添加太多的話，將無法完全熔入釉中，會以結晶的狀態出現在釉表面，形成白色斑點。

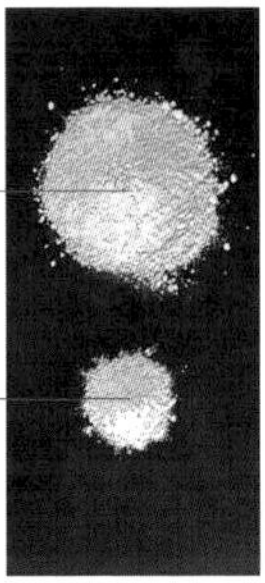

03 無光高嶺土釉〔1〕

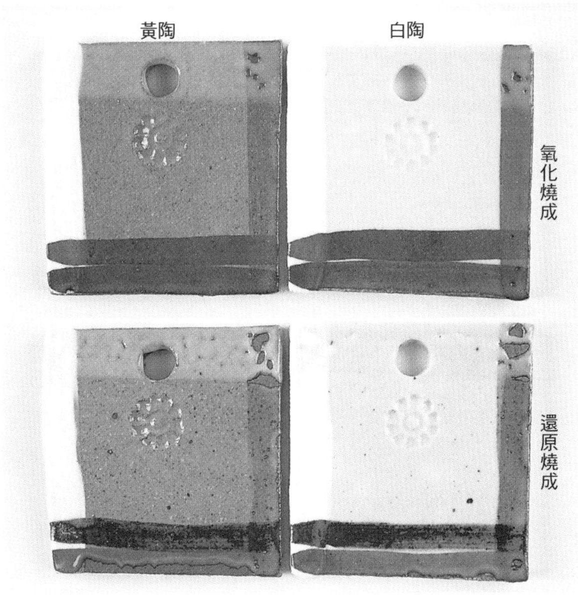

隨著以氧化鋁為主成分的高嶺土分量增加，失透感也會隨之增加。添加過多時，會由玻璃轉為偏向黏土質，呈現較硬的釉調。此外，收縮率會變高，容易發生缺釉現象。

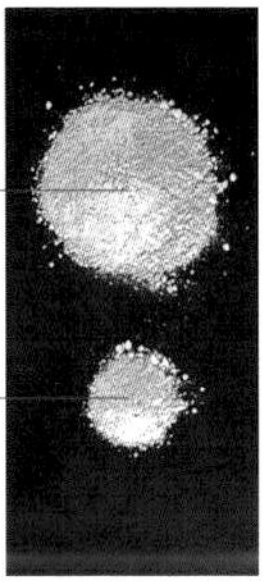

鈦結晶釉 *04*

若在石灰透明釉添加10%左右的氧化鈦，會形成珍珠般光澤的獨特細微結晶，外觀變得白濁。雖然釉藥表面會變成消光狀態，但因為熔點也會降低的關係，成為流動性稍佳的釉藥。

三號釉（石灰透明）
100

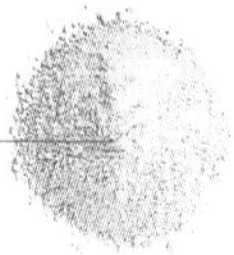

氧化鈦
10

金紅石結晶釉 *05*

若在石灰透明釉添加10%左右的金紅石，會產生如同無光鈦釉般的結晶作用。

受到金紅石所含鐵分的影響，氧化燒成時會呈現奶油色乳濁，還原燒成時則會帶有青色調。

三號釉（石灰透明）
100

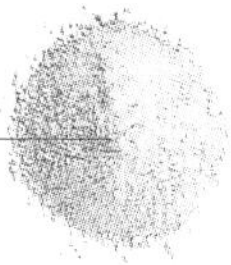

金紅石
10

第二章

以石灰透明釉為基底，調合色釉

在石灰透明釉中添加用來著色的金屬顏料，就能變化成各種不同的色釉。
除了可以發揮石灰透明釉「穩定不易沈澱」的特色之外，添加一些用來調料的原料也能使得整體釉調變得更有深度。

使石灰透明釉產生變化的 7 種原料

在石灰透明釉添加鹼類或結晶劑可以調合成有變化的基礎釉，添加著色金屬則可調合成色釉。

原料的狀態	原料的特徵	原料名	
	這是以碳酸鈣為主成分的鹼類。另外還含有鐵分等各式各樣的雜質成分，因此會讓無色透明的石灰透明釉變化成類似土灰釉的釉調。如果再添加著色劑上色的話，即可調合成顏色更深的色。	天然松木灰	鹼類
	這是以熔化作用為目的的鹼類。添加量增加後會容易產生細微氣泡，而氣泡又會以複雜的方式反射光線，因此可以呈現出類似青瓷般具有深度的顏色。	碳酸鋇	
	這是以碳酸鎂為主成分的鹼類。在石灰透明釉中添加約5%，即可因結晶作用而呈現白濁變成無光釉。以此為基底調合成色釉時，可以調合出具有無光感的色釉。	菱鎂礦	
	這是以氧化鐵為主成分的原料，可以用作鐵繪的釉下彩顏料，屬於最受歡迎的鐵類原料。添加在釉藥中作為著色劑使用。依添加量不同，可以調合成青瓷的青釉或是黃瀨戶、飴釉、黑釉等等。	弁柄（氧化鐵）	著色劑類
	這是鐵分極多的天然黏土。除了鐵分之外，也含有氧化鋁成分，因此鐵分不比弁柄更多。添加入基礎釉中，可以調合成色調沉穩的鐵釉。	中國黃土	
	氧化鈷只要些微的添加量就能發色為青色，是一種非常穩定的著色金屬。在基礎釉中添加0.3～1 %，即可調合成各種不同的瑠璃釉。	氧化鈷	
	具代表性的著色金屬之一。 在基礎釉中添加5～10%氧化銅，依照調合及燒成方法不同，可以調合成青色、綠色、黑色、紫色、紅色等各種不同的色釉。	氧化銅	

8種原料的功用

石灰透明釉直接著色的話，容易形成單調的色釉。在此為了要調合出具有深度的釉調，因此添加了鹼類或結晶劑來使基礎釉產生變化，再加上著色金屬來調合成色釉。

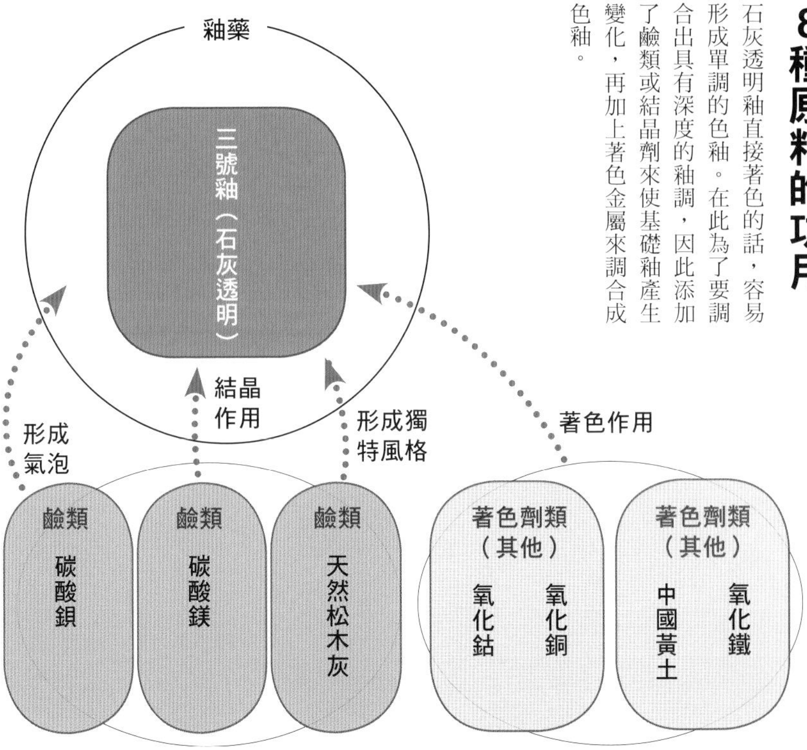

以石灰釉為基底的色釉調合一覽表

釉藥名 / 原料	黃瀨戶釉〔1〕	青瓷釉〔1〕	飴釉〔1〕	蕎麥釉〔1〕	黑釉〔1〕	無光黑釉〔1〕	瑠璃釉〔1〕	織部釉〔1〕
三號釉（石灰透明）	100	100	100	100	100	100	100	100
天然松木灰	40							40
碳酸鎂				5		20		
碳酸鋇		20						
氧化鐵		2	7	7	10	10		
中國黃土	10							
氧化鈷							1	
氧化銅								7

※製作釉藥時使用的篩網皆為60目

黃瀨戸釉〔1〕 06

由黃土取得鐵分，使得黃瀨戶釉會呈現出些許無光感。此外，藉由添加天然松木灰，讓釉藥變得較柔和，雜質成分也因而增加，使釉調顯得更有深度。

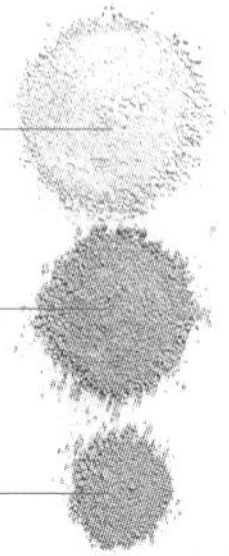

三號釉（石灰透明）
100

天然松木灰
40

中國黃土
10

青瓷釉〔1〕 07

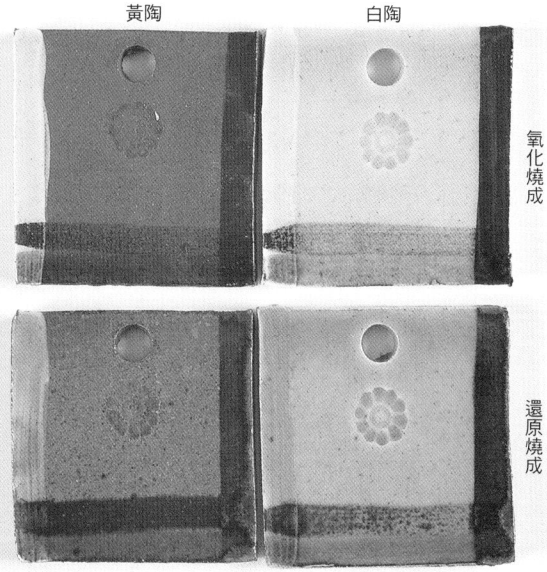

即使只在石灰透明釉中添加2%氧化鐵，還原燒成時也會呈現出青瓷色。如果再添加碳酸鋇的話，釉藥中會產生細微氣泡，使得色調顯得更有深度。

三號釉（石灰透明）
100

碳酸鋇
20

氧化鐵
2

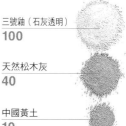

08 飴釉〔1〕

黃陶　白陶

氧化燒成

還原燒成

在石灰透明釉額外添加5～7%氧化鐵，即可調合成焦糖色釉藥。根據施釉時的濃度及素坯的鐵分含量不同，會在明亮的茶色與接近黑色的茶色之間產生變化。

三號釉（石灰透明）
100

氧化鐵
7

09 蕎麥釉〔1〕

黃陶　白陶

氧化燒成

還原燒成

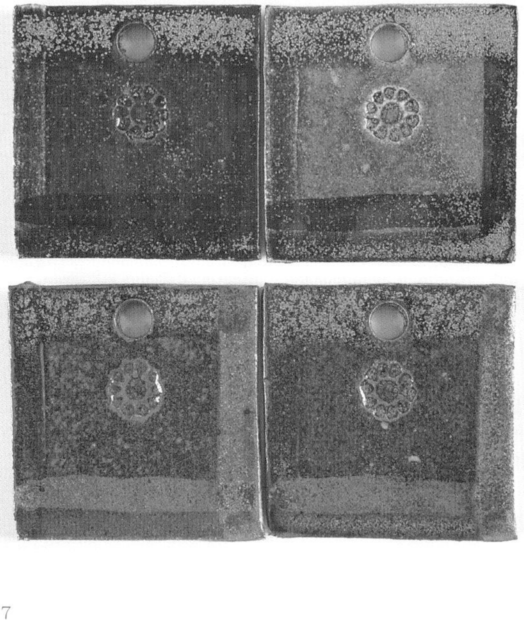

飴釉調合時，若添加約5%的碳酸鎂作為結晶劑，會產生細微的白色斑點。釉藥厚塗時結晶會變得較大，斑點也隨之變大。

三號釉（石灰透明）
100

碳酸鎂
5

氧化鐵
7

黑釉〔1〕

黃陶　白陶

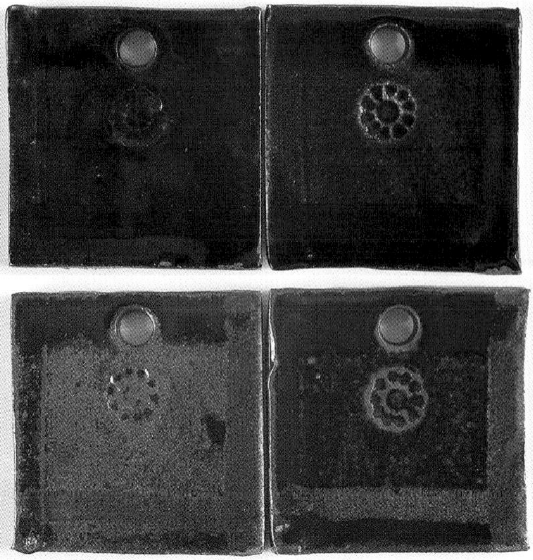

氧化燒成

還原燒成

在石灰透明釉中額外添加了10％氧化鐵，即可調合成黑色釉藥。薄塗施釉時顏色較淺，可以透過釉藥看到底下的素坏。此外，還原燒成時，會因為鐵分的變化而呈現偏茶色。

三號釉（石灰透明）
100

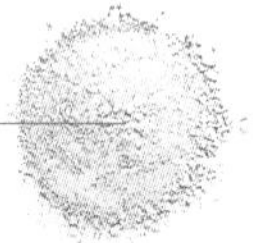

氧化鐵
10

無光黑釉〔1〕

黃陶　白陶

氧化燒成

還原燒成

在石灰透明釉中額外添加約20％的碳酸鎂，調合成無光釉。再以此為基底額外添加約10％的氧化鐵，即可調合成黑色的無光釉。如果再添加約1％的黑色顏料，黑色會更加穩定。

三號釉（石灰透明）
100

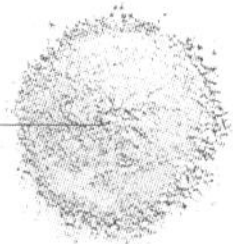

碳酸鎂
20

氧化鐵
10

12

瑠璃釉〔1〕

在石灰透明釉中額外添加約1%的氧化鈷，即可調合成深藍色的釉藥。釉調維持石灰透明釉的特性，具有光澤且穩定。厚塗施釉時，會呈現偏藏青色的外觀。

黃陶　白陶

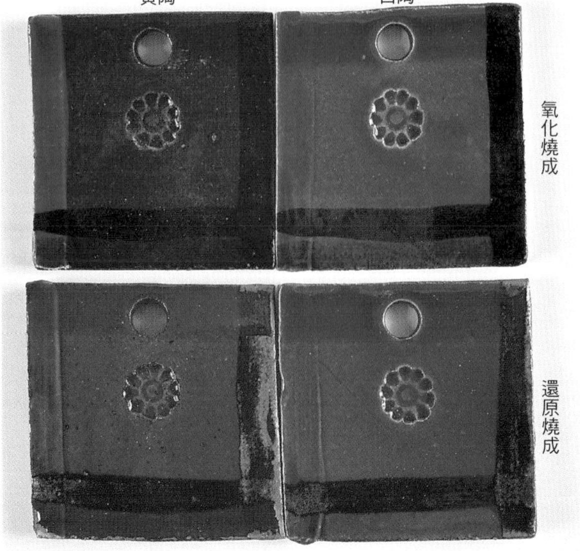

氧化燒成

還原燒成

三號釉（石灰透明）
100

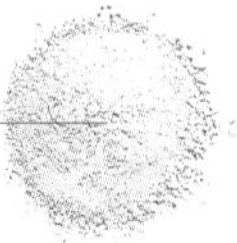

氧化鈷
1

13

織部釉〔1〕

在石灰透明釉中添加5～7%的氧化銅，即可調合成織部釉。加上天然松灰可以讓色調變得更有深度，熔點也會下降易於流動，可以營造出顏色深淺變化的樂趣。

黃陶　白陶

氧化燒成

還原燒成

三號釉（石灰透明）
100

天然松木灰
40

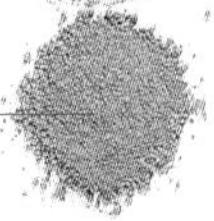

氧化銅
7

在石灰透明釉中添加天然松木灰的效果

「石灰透明釉」是一種無色透明，具光澤且穩定的釉藥，但也可以說是釉調較無趣的釉藥。本書所介紹的調合方法，大多會刻意在石灰透明釉中加入天然松木灰等原料來呈現出釉調的深度。

在此就讓我們來看看，只在石灰透明釉中加入著色劑的釉藥，與添加松木灰的釉藥會有怎麼樣的差異吧。

黃瀨戶釉

只有石灰透明釉的調合方式，具有光澤、釉調澄澈，發色成漂亮的黃色。而添加天然松木灰的釉藥，則可以看到釉表面的光澤受到抑制，色調呈現出深度。此外，因為釉藥會變得較為易熔的關係，像是氧化鐵等釉下彩的顏料會熔滲進釉藥中。

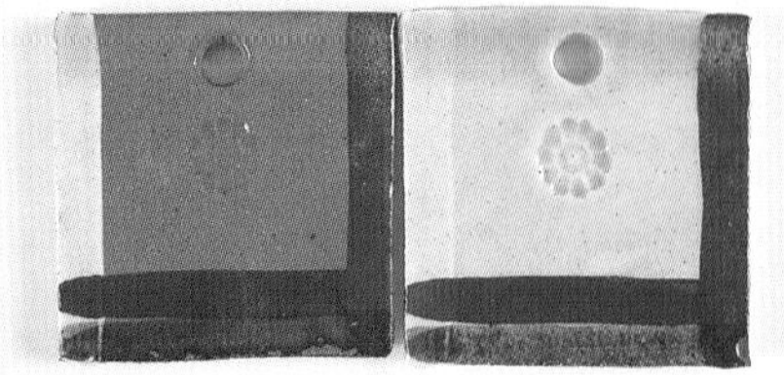

三號釉（石灰透明）100+氧化鐵2（氧化燒成）

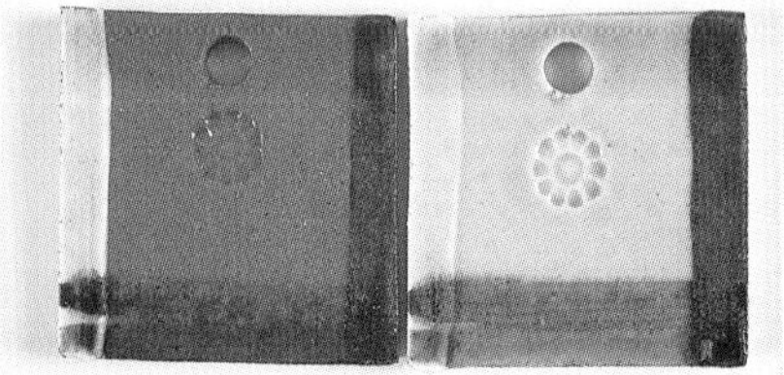

三號釉（石灰透明）100+天然松木灰40+氧化鐵2（氧化燒成）

織部釉

只有石灰透明釉的調合方式，因為釉調澄澈的關係，可以看見底下透出的素坏顏色，綠色的發色狀態會變得較差。而添加天然松木灰的釉藥，因為釉中會形成細微的冰裂及氣泡，複雜地反射光線，形成具有深度的綠色。此外，因為釉藥變得易熔的關係，凹陷部分會堆積釉藥，使得色調呈現出變化。

三號釉（石灰透明）100+氧化銅7（氧化燒成）

三號釉（石灰透明）100+天然松木灰40+氧化銅7（氧化燒成）

第三章

使用4種原料調合5種基礎釉

透明釉及無色的無光釉稱為基礎釉。本章要將僅僅4種的原料經過組合搭配，調合成5種不同的基礎釉。為了要讓各位更容易理解各原料的作用，盡可能將調合配方簡單化。這些基礎釉即為色釉的基底釉藥，甚至可以衍生變化成其他各式各樣的不同釉藥。

調合基礎釉的 4 種原料

釉藥的原料主要為礦物。市售的原料大多是經過精製的產品，因此可以直接使用。（一部分的原料使用前需要再經過調整。）

福島長石

這是以氧化矽為主成分，類似玻璃成分的原料。種類有許多，但在這裡使用的是具代表性的福島長石。

《單獨使用燒成》因為熔融溫度較高，釉藥不熔化導致沒有透明感。此外，由於無法承受燒成時的膨張伸縮，因此有時會出現收縮、冰裂等現象。

單獨使用燒成（約1250℃）｜原料的狀態

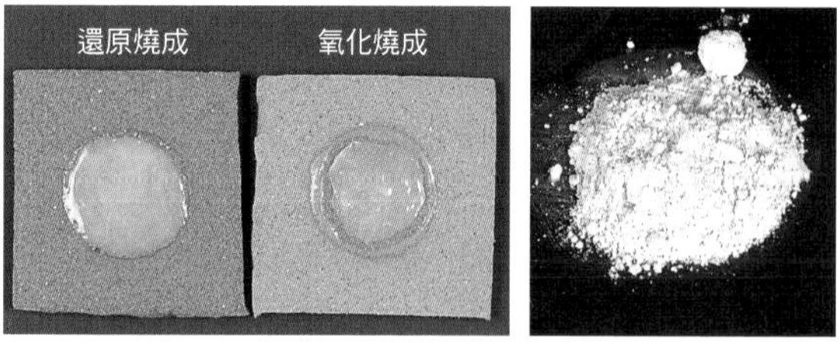

合成土灰

這是將土灰（雜木灰）的成分以人工方式合成的原料。主成分是鈣質，屬於鹼類原料，作用是使長石更容易熔化。

《單獨使用燒成》原料會與素坯的矽酸分形成反應而完全熔化。既無黏性且不穩定，也不怎麼有玻璃般的光澤外觀。

單獨使用燒成（約1250℃）｜原料的狀態

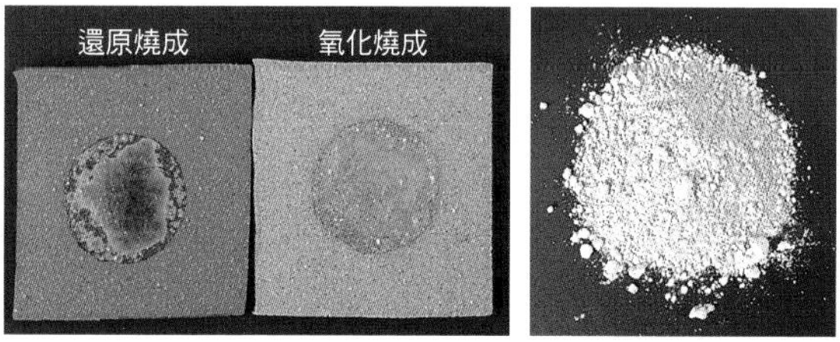

天然松木灰

這是由松木的灰製作而成的天然原料。主成分是鈣質，屬於鹼類原料，作用是使長石更容易熔化。因為原料本身也含有鐵分等雜質的關係，可以讓釉藥加上顏色。

《單獨使用燒成》熔化方式與合成土灰相同，但因為天然原料特有的雜質成分會在外表形成色調與質感。

單獨使用燒成（約1250℃）｜原料的狀態

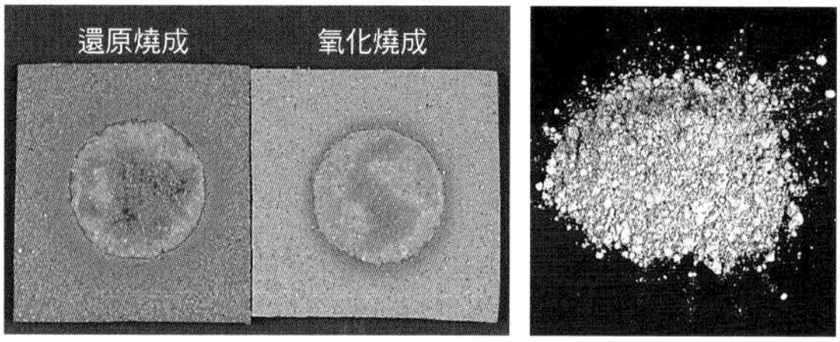

高嶺土

這是以氧化鋁為主成分的原料，可以讓釉藥產生黏性，轉化為黏土質的作用。種類豐富，各自具備特徵。這裏使用的是以朝鮮高嶺土為基底的高嶺土（日本陶料製）。

《單獨使用燒成》因為具備與黏土類似的性質，燒成後雖然會固化，但不會熔化。

單獨使用燒成（約1250℃）｜原料的狀態

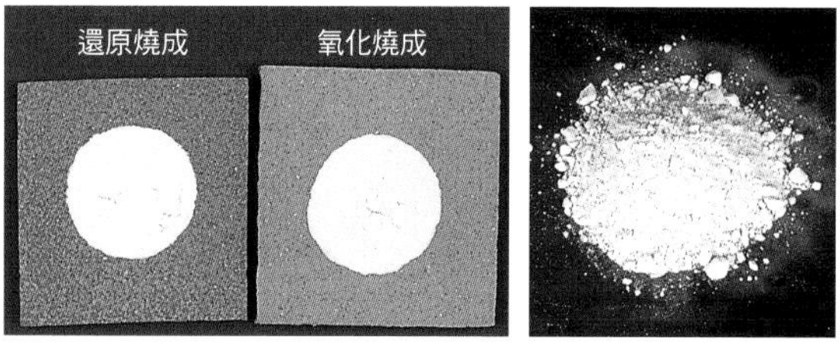

4種原料的功用

這4種原料依照功用可以分為「氧化矽（玻璃成分）」、「鹼（熔化作用）」、「氧化鋁（連接作用）」三種不同功能。其中尤其扮演中心作用的是氧化矽類「福島長石」。福島長石是一種如同玻璃成分的原料，因為熔解溫度高的關係，要添加「合成土灰」或「天然松木灰」這類可以使其變得易熔的媒熔劑。此外，為了要改善與黏土的搭配性，有時也會添加「高嶺土」。

①氧化矽
富含矽酸，如同玻璃成分般的原料，是調合釉藥時的中心原料。

②鹼
作用是幫助熔化。依照不同的種類，熔化方式及釉調也會呈現不同變化。

⑦氧化鋁
使釉藥出現黏性，改善釉藥與素坯的搭配性。

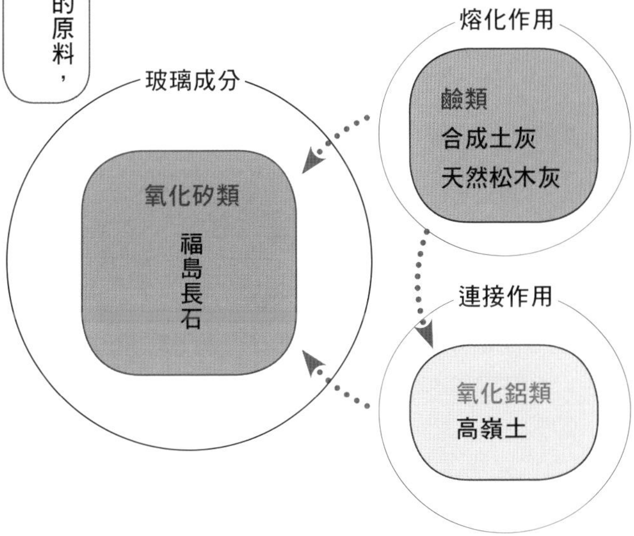

基礎釉的調合一覽表

釉藥名 原料	透明釉	長石釉	土灰釉2	無光高嶺土釉2	玻璃釉
福島長石	65	80	70	10	30
合成土灰	25	10		50	
天然松木灰			30		70
高嶺土	10	10		40	

※製作釉藥時使用的篩網皆為60目

透明釉 *14*

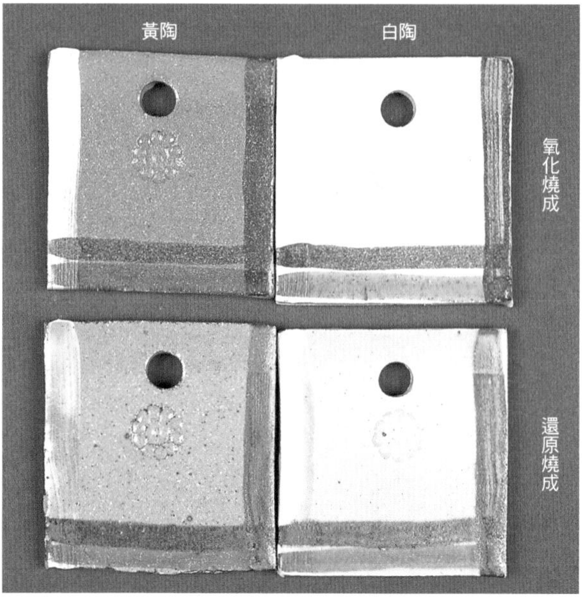

在長石中添加適量的合成土灰可以幫助熔化。合成土灰因為雜質成分較少的關係，幾乎可以熔化成透明狀態。此外，添加少量的高嶺土，可以增加黏度，使得釉藥與素坯更容易融合在一起。

福島長石
65
合成土灰
25
高嶺土
10

長石釉 *15*

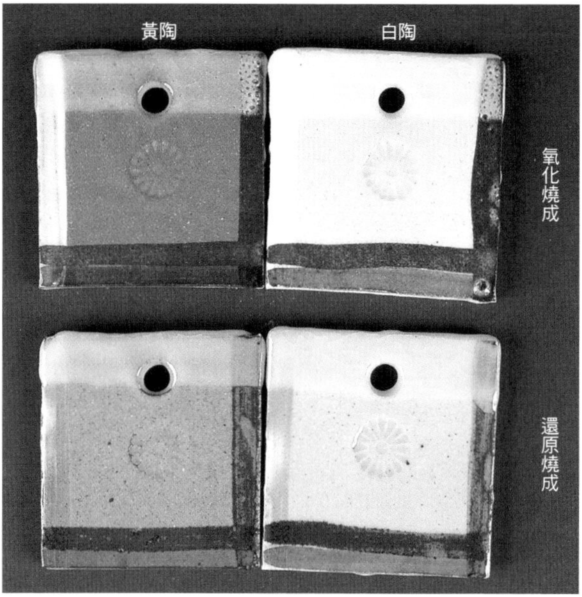

為了保留長石的質感，刻意減少媒熔劑合成土灰的添加量。此外，添加了高嶺土以增加黏性。長石特有的大小貫入為其外觀特徵，這也會使釉藥看起來呈現白色。

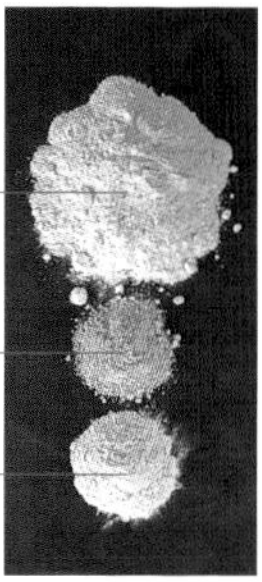
福島長石
80
合成土灰
10
高嶺土
10

土灰釉〔2〕

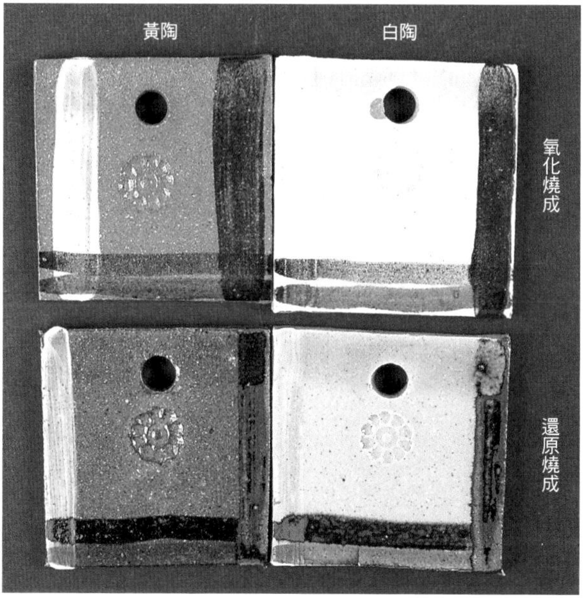

在長石中添加松木灰，幫助釉藥易於熔化。因為天然原料的松木灰包含鐵分在內，釉藥外觀會呈現色調。此外，由於松木灰也包含了氧化鋁分，所以這個釉藥的調合不需要添加高嶺土。

土灰與土灰釉

「土灰」這個原料主要為雜木燃燒後的灰。原本是由燃料的副產物製作而成，因此容易摻入土石類及金屬化合物，是一種雜質較多的灰。

原本是將使用「土灰」來幫助長石熔化的釉藥稱為「土灰釉」。但現在不僅限於使用「土灰」，只要是在長石中加入木灰的釉藥都統稱為土灰釉。上述的「土灰釉」也會添加「天然松木灰」來進行調合。

土灰釉厚塗施釉時，在還原燒成會呈現出具有透明感的淺藍色，這便是所謂的「土灰青瓷」。之所以會有這種現象，是因為灰中含有的微量鐵分導致。

土灰青瓷的香爐（白陶・還原燒成）

無光高嶺土釉〔2〕 *17*

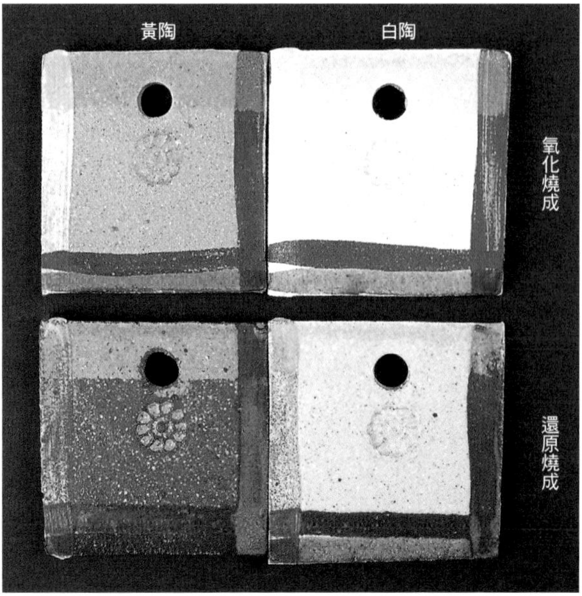

這是活用高嶺土的黏土質感，外觀沒有光澤的無光釉。合成土灰主要是為了幫助高嶺土熔化而大量添加；長石則是為了補足玻璃質的要素而只有少量添加。

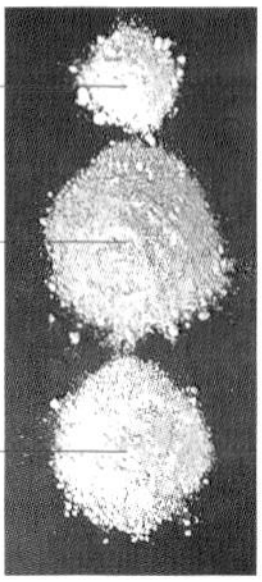

福島長石
10

合成土灰
50

高嶺土
40

玻璃釉 *18*

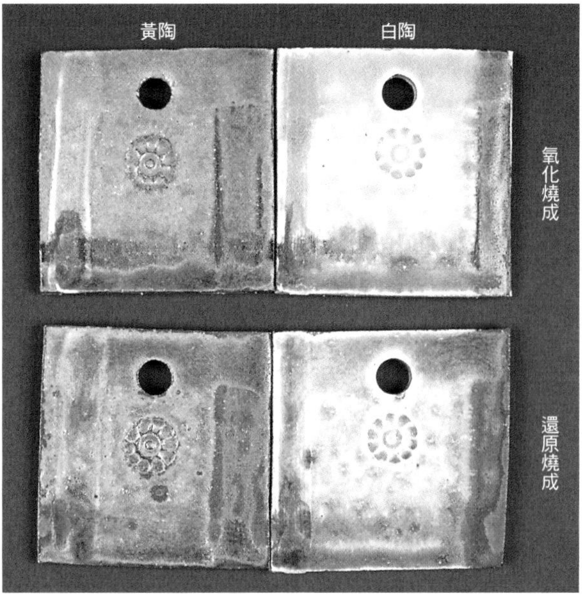

這是以松木灰為主角的釉藥。在不減損松木灰的特徵為前提，為了改善松木灰的不穩定，加入一些長石作為補足。受到松木灰所含有的鐵分影響，外觀呈現顏色。同時因為易於流動的關係，呈現出複雜的變化。

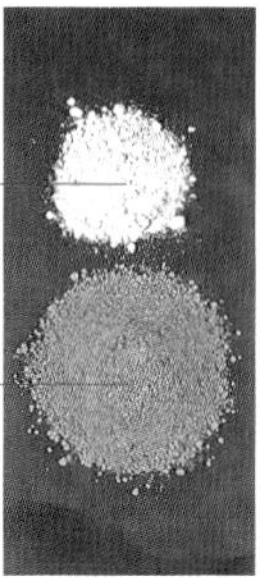

福島長石
30

天然松木灰
70

第四章

使用7種原料調合5種白色釉藥

白色釉藥因為同時也是各種不同釉藥的基底，可以說算是基礎釉的同伴。即使是乍看之下都一樣的白色釉藥，也會因為「為什麼變成白色」的原理不同，呈現出不同的釉調與色調。本章所要介紹的白色釉藥，為了要讓各位理解白色的不同之處，各自選擇了完全不同的變白方法。

使釉藥變成白色的 5 種原料

本章示範如何將五種原料加入基底釉藥調合後，製作出各種不同的白色釉藥。

合成藁灰

這是將藁灰以人工方式合成的原料，主要成分是矽酸分。無法完全熔化的矽酸分會殘留在釉藥中形成白色顆粒，呈現白濁外觀。

《單獨使用燒成》雖然熔融溫度高，熔化方式不完全，但仍然稍微呈現玻璃化狀態。

單獨使用燒成（約1250℃）

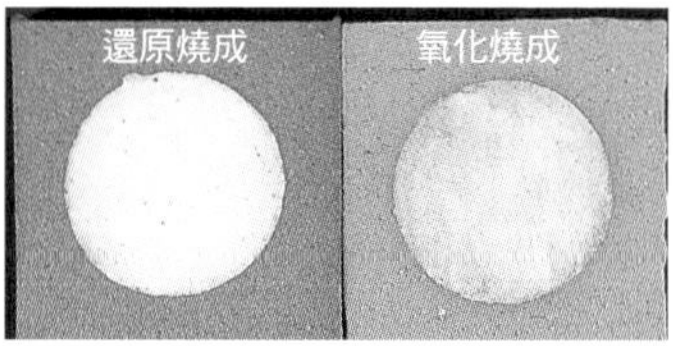

原料的狀態

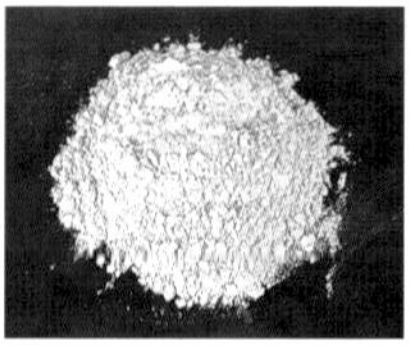

碳酸鋇

雖然是以熔化作用為目的的鹼類，但只要增加添加量，就會形成細微氣泡，使得光線反射複雜，可以讓青瓷般的色調增加深度。

《單獨使用燒成》與素坯中的矽酸分發生反應，呈現完全熔化的狀態。

單獨使用燒成（約1250℃）

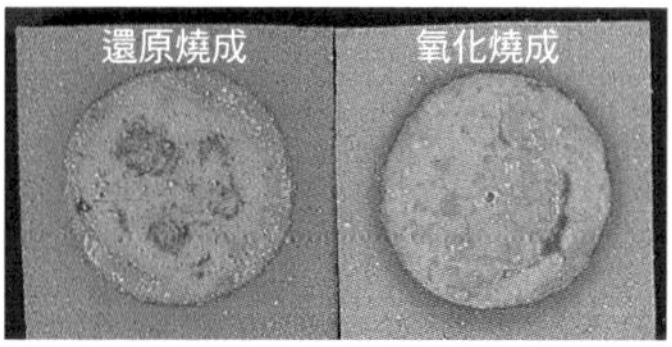

原料的狀態

菱鎂礦

這是以碳酸鎂為主成分的鹼類，主要是藉由結晶作用來呈現乳濁外觀，作為營造出無光感的結晶劑使用。

《單獨使用燒成》熔融溫度高，單獨使用時燒成後幾乎仍然維持粉末狀外觀。

單獨使用燒成（約1250℃）

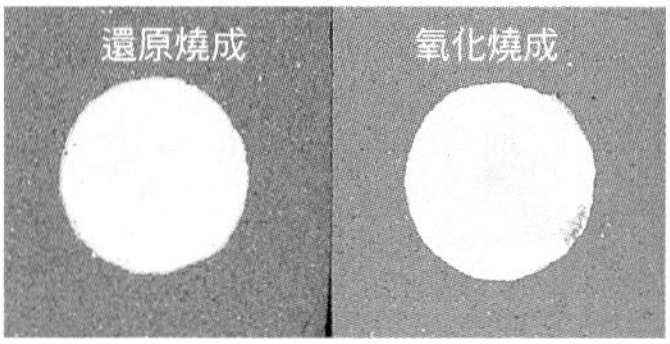

原料的狀態

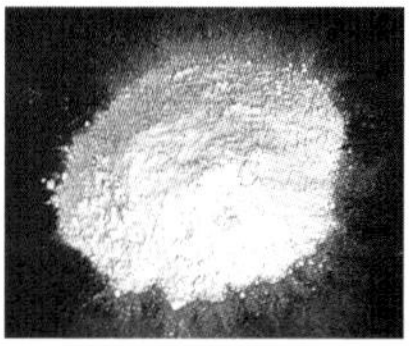

天草陶石

同時具有氧化矽（矽酸分）與氧化鋁雙方特徵的原料。利用氧化矽的要素來幫助熔化與素坯融合在一起；利用氧化鋁的要素來呈現白濁外觀。

《單獨使用燒成》燒成具有黏土質的白色，牢牢固定在素坯上。

單獨使用燒成（約1250℃）

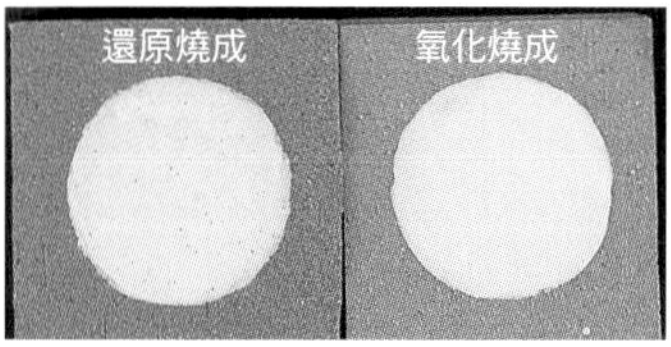

原料的狀態

矽酸鋯

最為強力的乳濁劑之一。因為與其他原料不容易起反應，只要些微的添加量就能得到穩定的白色。

《單獨使用燒成》熔融溫度高，而且與素坯中矽酸分不易起反應的關係，燒成後幾乎仍然維持粉末狀外觀。

單獨使用燒成（約1250℃）

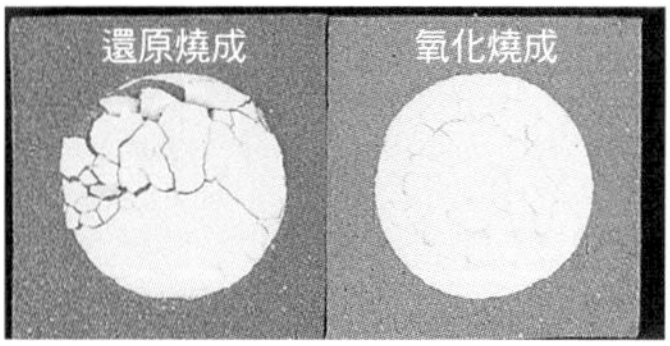

原料的狀態

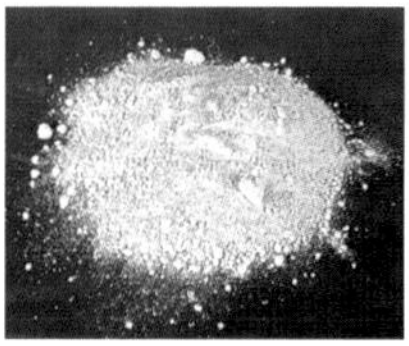

7種原料的功用

同時也可以調合成基礎釉的2種原料的功用，雖然已經在第23頁解說過了。但為了要使釉藥變白而添加的5種原料中的4種，同樣可以區分為「氧化矽」、「鹼類」、「氧化鋁」3種類型。只有矽酸鋯不會影響到釉藥的基本結構。

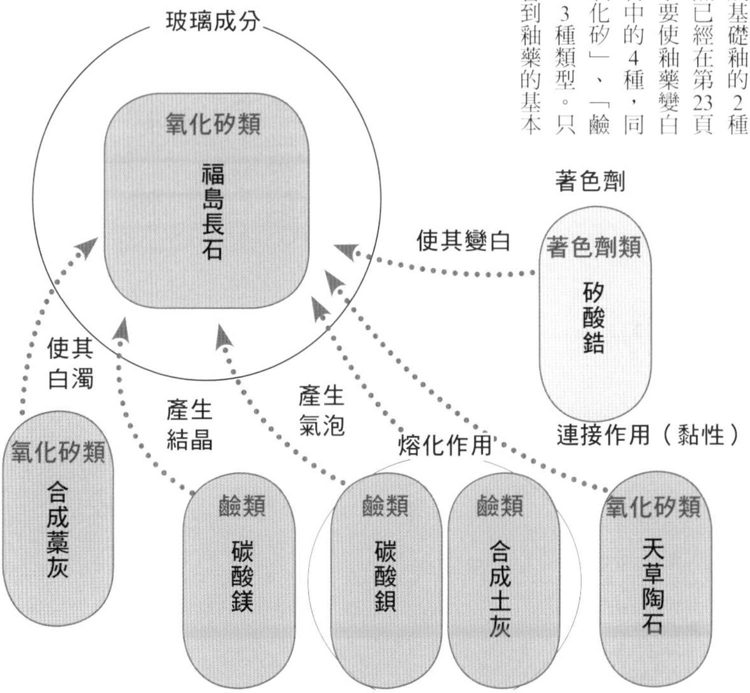

白色釉的調合一覽表

原料 ＼ 釉藥名	無光白釉2	白濁釉	鋯白釉	長石白釉	藁白釉
合成藁灰					40
福島長石	60	50	70	80	30
合成土灰	15				30
碳酸鋇		15	20		
碳酸鎂	15				
天草陶石	10	35		20	
矽酸鋯			10		

※製作釉藥時使用的篩網皆為60目

無光白釉〔2〕 *19*

在長石中添加碳酸鎂，藉由結晶作用來調合成白色的無光釉。但因為只靠碳酸鎂無法使長石熔化，因此還要加入合成土灰來幫助熔化。此外，還要再添加天草陶石來增加失透感。

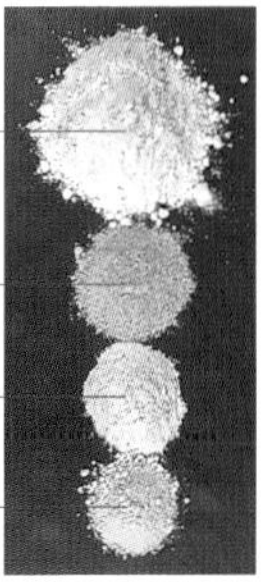

福島長石
60
合成土灰
15
碳酸鎂
15
天草陶石
10

白濁釉 *20*

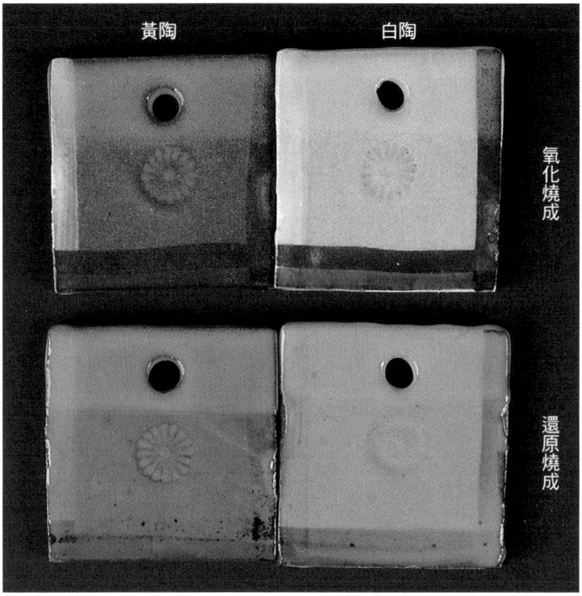

媒熔劑使用碳酸鋇（鹼類），可以讓釉藥中產生細微氣泡。此外，受到天草陶石所含有的氧化鋁分的影響，失透感會增加。如果釉藥施釉較薄的話，釉下彩的圖樣會微微透出表面。

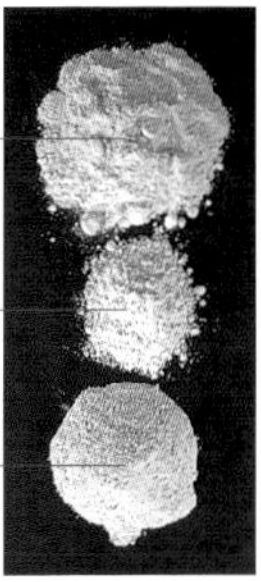

福島長石
50
碳酸鋇
15
天草陶石
35

21 鋯白釉

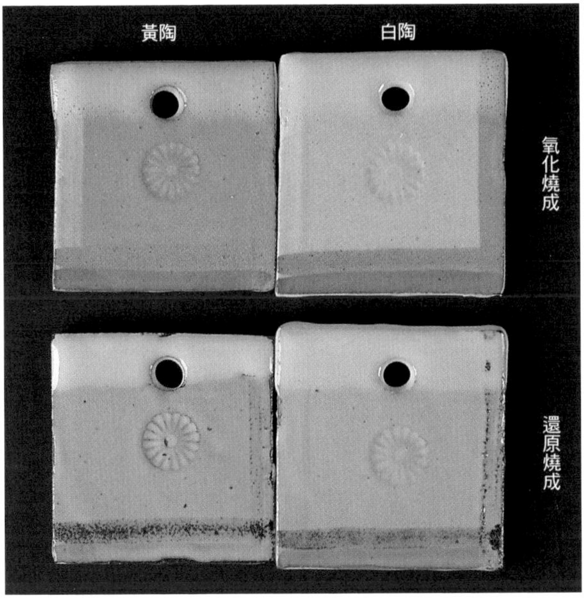

在基底釉藥（福島長石70、碳酸鋇20）加入乳濁劑矽酸鋯後，會變成深白色。雖然可以得到穩定的白色，但另一方面，釉藥的表情會有過於單調的傾向。

福島長石
70

碳酸鋇
20

矽酸鋯
10

22 長石白釉

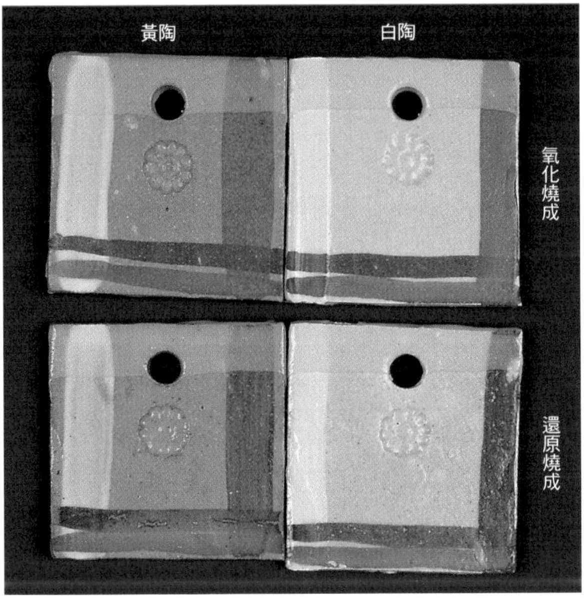

顧名思義，這是活用長石的質感特色的釉藥。透過添加天草陶石，可以避免釉藥收縮，並且也可以增加失透感。熔解溫度較高，高溫狀態下幾乎沒有流動性，不容易熔化與素坯融合在一起熟為其特徵之一。

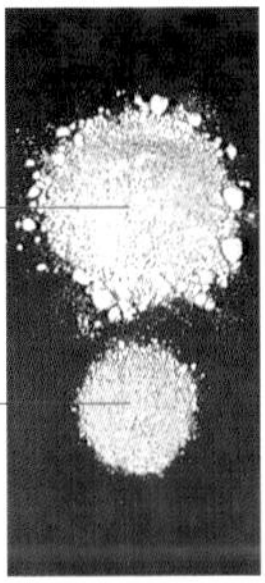

福島長石
80

天草陶石
20

藁白釉

合成藁灰中所含的矽酸成分在釉中會以白色顆粒的狀態殘留，形成白濁外觀。基底釉藥（福島長石30、合成土灰30）易於熔化，具有流動性。因此有時會因為白色顆粒的流動形成條紋模樣。

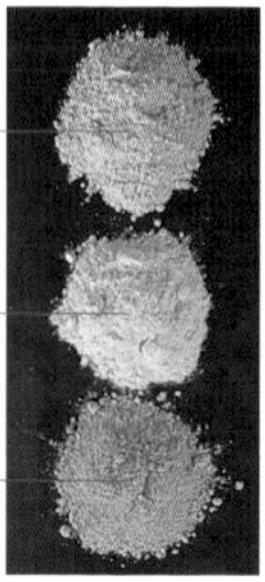

合成藁灰 40

福島長石 30

合成土灰 30

天然藁灰與合成藁灰

像是藁這類的禾本科植物秸稈的灰，主成分是矽酸分（玻璃成分）。因此即使同樣是灰，與鈣質為主成分，發揮熔化作用的樹木灰相較之下，藁灰的作用卻是完全不同。

合成藁灰是以人工的方式合成出藁灰的原料，雜質成分較天然藁灰更少，顆粒也更為平均。使用天然藁灰的釉藥，會受到雜質成分的影響，呈現出複雜的釉調；不過使用合成藁灰的話，就會呈現出平均的白濁外觀。

合成藁灰調合成的藁白釉　天然藁灰調合成的藁白釉

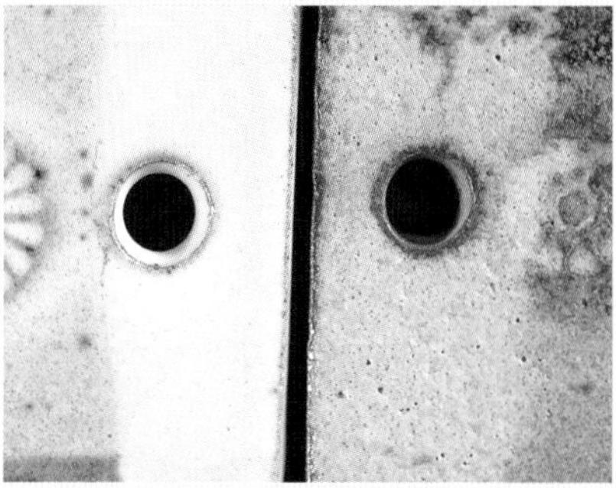

第五章

使用11種原料調合9種鐵釉

舉凡受到鐵分的影響，使得色調產生變化的釉藥都統稱為「鐵釉」。鐵釉是將含有鐵分的原料添加入基底釉藥調合而成，但因為含有鐵分的原料種類以及添加量不同而會有釉調及色調的變化。此外，還可以改變基底釉藥的熔解溫度，或是添加結晶劑，使得鐵釉呈現出更加複雜變化。

調合鐵釉使用的 4 種原料

鐵釉雖然是添加含有鐵分的原料調合而成，但因為含有鐵分的原料有著許許多多不同的種類，依照各自的原料特徵，調合完成的鐵釉也都會有所差異。

原料的狀態	原料的特徵	原料名
	這是以氧化鐵為主成分的原料。透過化學精製的氧化鐵因為幾乎只有金屬成分的關係，非常地穩定，大多數的鐵釉都是使用這個原料。此外也可以作為鐵繪的釉下彩顏料使用。雖然還有一種與釉藥搭配性不錯的鐵類原料「矽酸鐵」，不過這個原料的發色的狀態略有不同。	氧化鐵（鐵紅）
	這是産自中國，富含鐵分的天然黏土。除了鐵分之外，還含有氧化鋁分，因此鐵分含量少於弁柄。受到氧化鋁分的影響，釉調有偏向無光質的傾向。大量添加在釉藥中時，為了避免發生翻捲，會以素燒的方式來調節收縮率。此外，也可以作為生坯用的化妝土及顏料使用。	中國黃土
	金紅石是將含鐵的天然鈦礦石精製加工之後製成。與鈦同樣會引起非常強力且穩定的結晶作用，但同時又會因為鐵分影響使釉藥產生顏色。因為鐵分含量不多的關係，依據不同的添加量，而會有帶黃色～茶色的變化。	金紅石
	顏料是以釉藥為媒體，將著色金屬熔化發色後，再仔細粉碎製作而成。因為化學狀態穩定的關係，與釉藥混合後顏色不容易發生變化。黑色顏料是由鐵分或錳、鈷等著色金屬製作而成。只要在想要調成黑色的釉藥添加數%，即可得到穩定的黑色。但如果添加過量的話，色調便顯得單調。	黑色顏料

11種原料的功用

將含鐵原料及基礎釉搭配組合後，可以調合出各種不同的鐵釉。主要是因為鐵分的含量及基礎釉所含之鹼類與結晶劑影響而產生變化。

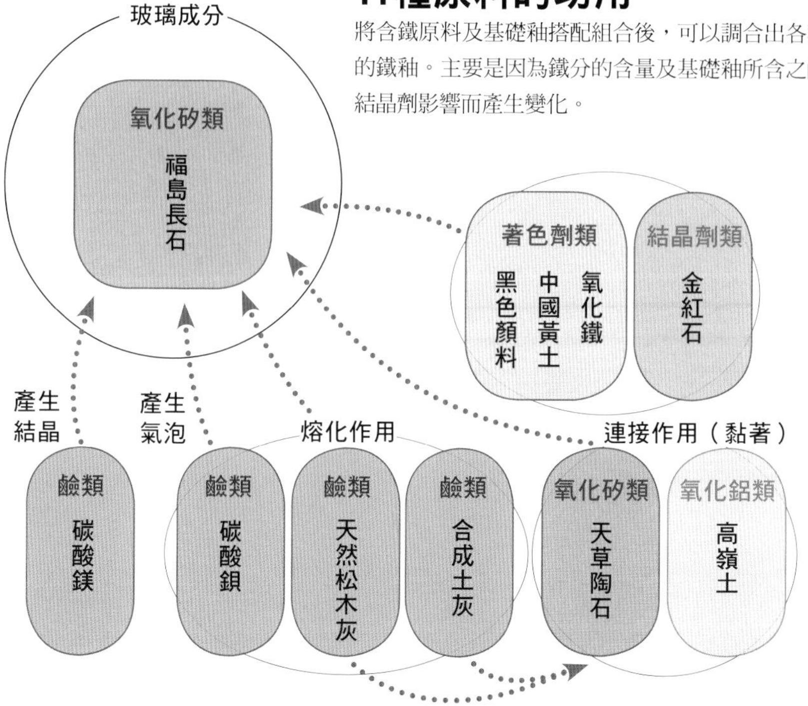

鐵釉的調合一覽表

釉藥名 / 原料	黃瀨戸釉2	青瓷釉2	飴釉2	蕎麥釉2	黑釉2	無光黑釉2	紅長石釉	伊羅保釉	禾目蕎麥釉
福島長石	60	50	70	70	70	60	80	10	60
合成土灰						15			15
天然松木灰	40		30	30	30			50	
碳酸鋇		20							
碳酸鎂				5		15			15
高嶺土		30				10		40	10
天草陶石							20		
氧化鐵		2	7	7	10	10	0.8		7
中國黃土	10								
金紅石									5
黑顏料						3			

※製作釉藥時使用的篩網皆為60目

黃瀨戸釉〔2〕

在基底釉藥中添加2%左右的鐵分，即可發色為淺黃色。在這個調合方式中，是由松木灰與中國黃土取得鐵分。松木灰所含鹼分的效果可以使長石易於熔化，也有讓釉調產生變化的功用。

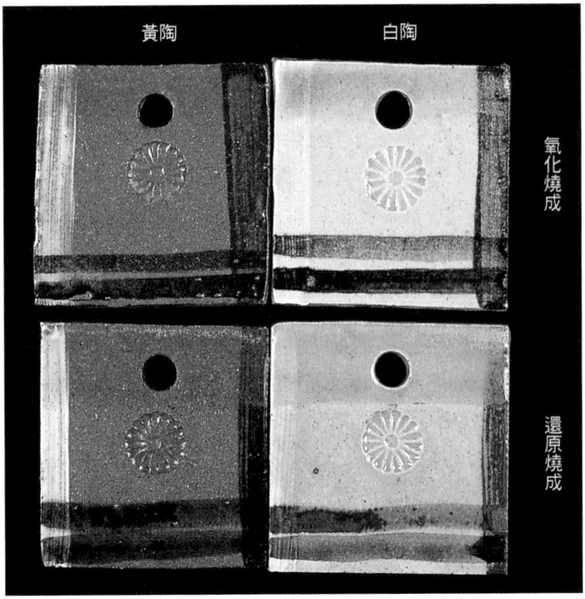

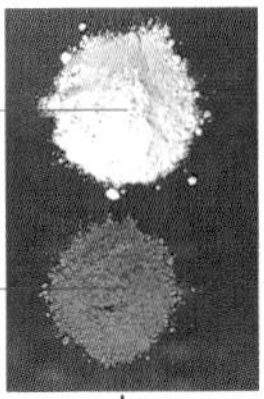

福島長石
60

天然松木灰
40

＋

中國黃土
10

青瓷釉〔2〕

調合時添加碳酸鋇，釉中會產生許多氣泡，使得外觀變得白濁。如果再添加約2%的鐵分進行還原燒成的話，就會呈現淺藍色。釉藥愈厚、貫入及氣泡愈多，光線反射也會變得複雜而使色調變深。

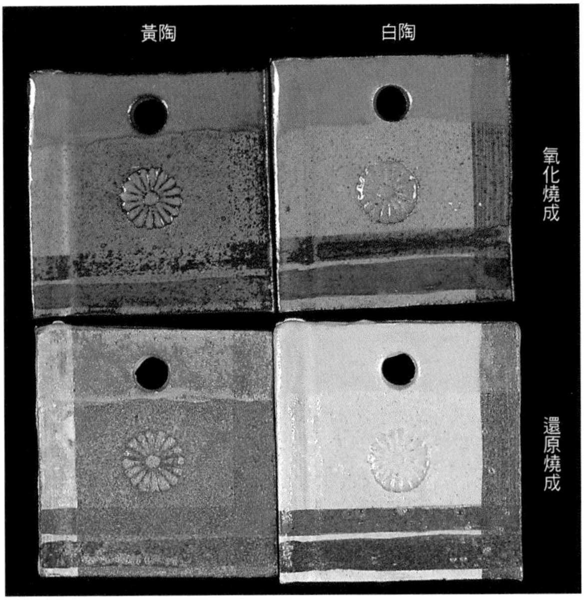

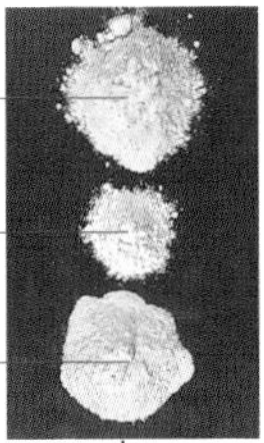

福島長石
50

碳酸鋇
20

高嶺土
30

＋

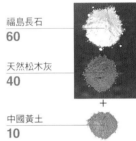

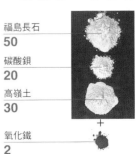

氧化鐵
2

26　飴釉〔2〕

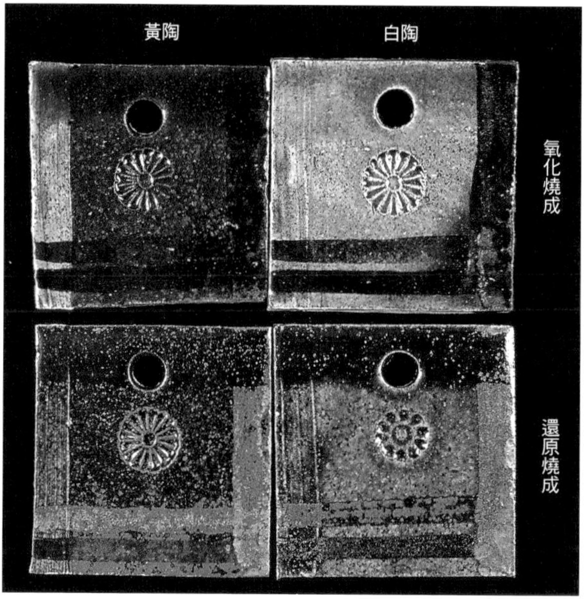

在具有光澤的基礎釉中添加5～7％的鐵分，進行氧化燒成即可得到焦糖色。在這個調合中，以土灰釉為基底，添加氧化鐵，可使得發色穩定，並呈現出具有光澤的釉調。如果是還原燒成的話，則會呈現焦茶色。

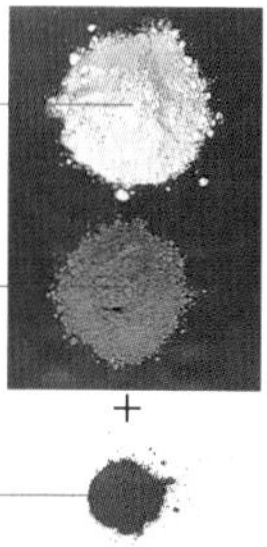
福島長石
70
天然松木灰
30
+
氧化鐵
7

27　蕎麥釉〔2〕

在飴釉添加約5％碳酸鎂作為結晶劑，會產生偏白色的條紋斑點。厚塗施釉時，斑點會變大。此外，還原燒成比較容易形成結晶，呈現出無光質。

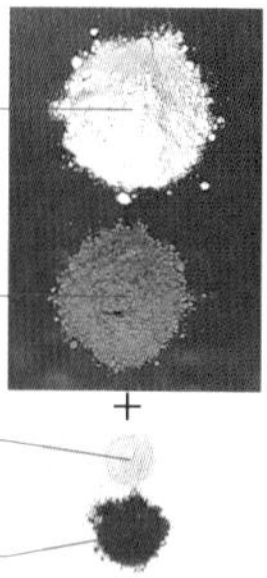
福島長石
70
天然松木灰
30
+
碳酸鎂
5
氧化鐵
7

黑釉〔2〕 28

在土灰釉或是透明釉中添加10%以上的鐵分，即會得到偏黑色的釉藥。以氧化～中性燒成，會發色成黑色；以還原燒成則會發色成偏茶色。此外，根據釉藥的厚度與素坯的鐵分不同，色調也會有所變化。

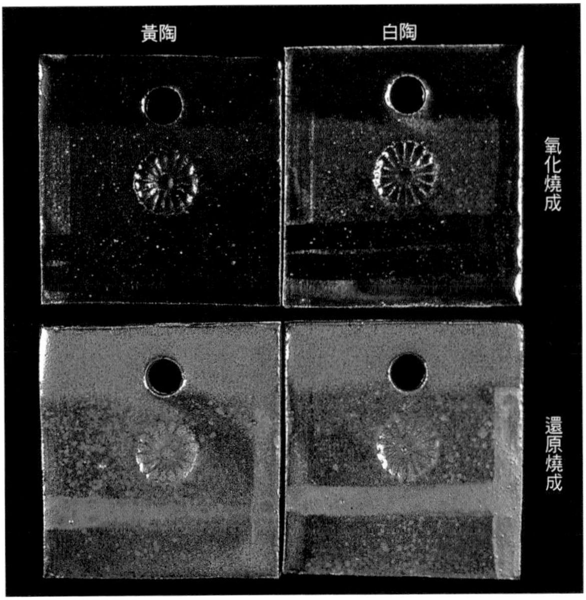

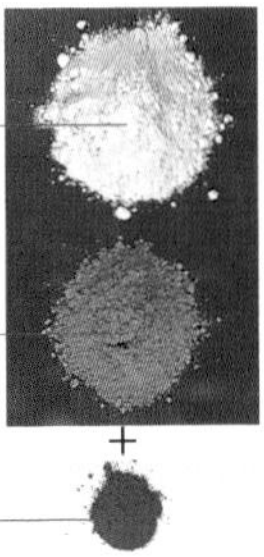

福島長石
70

天然松木灰
30

+

氧化鐵
10

無光黑釉〔2〕 29

以無光白釉為基底，添加約10%的鐵分。再加上約3%的黑色顏料，使得黑色的色調更加穩定。還原燒成會比氧化燒成更能增加釉藥表面的無光感，呈現出沈穩的釉調。

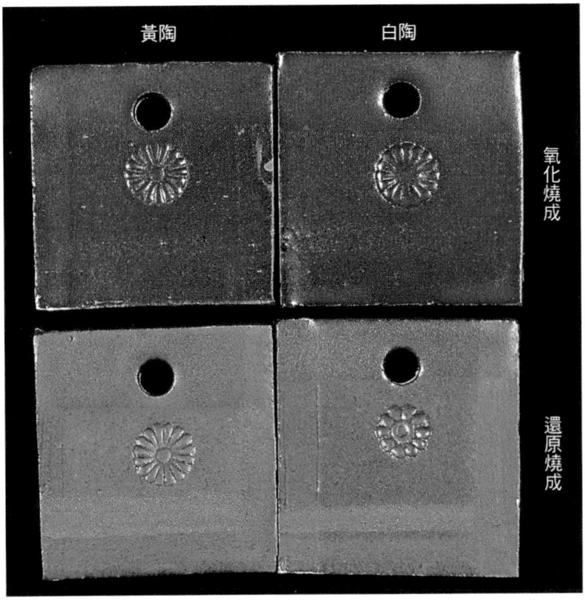

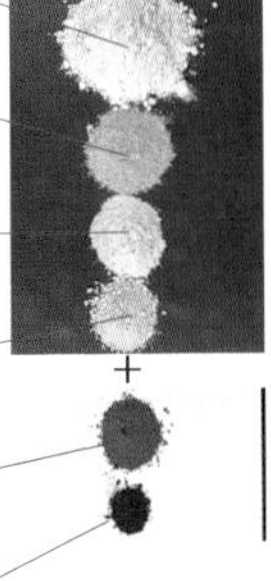

福島長石
60

合成土灰
15

碳酸鎂
15

高嶺土
10

+

氧化鐵
10

黑色顏料
3

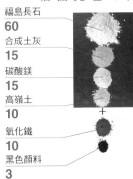

30 紅長石釉

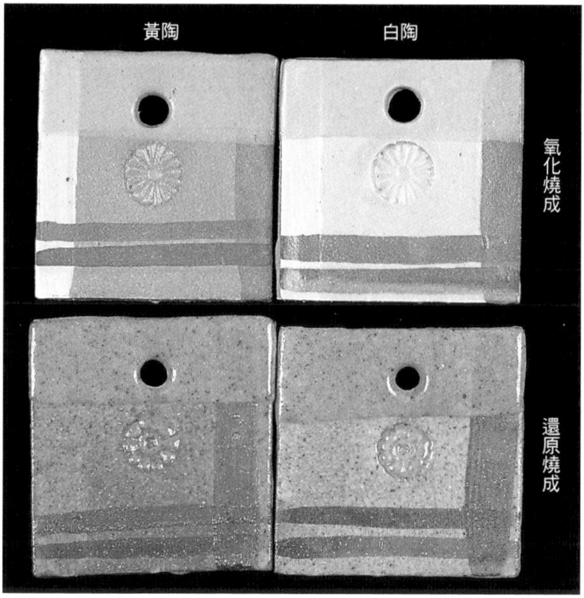

以長石白釉為基底，添加約0.8％的氧化鐵。這個少量的鐵分，在還原燒成時會發色成紅色。此外，如果素坯所含有的鐵分愈多，紅色調就會愈深；釉藥施釉愈厚，則會偏向白色。

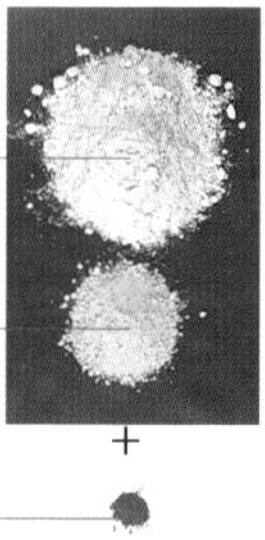

福島長石 80

天草陶石 20

＋

氧化鐵 0.8

31 伊羅保釉

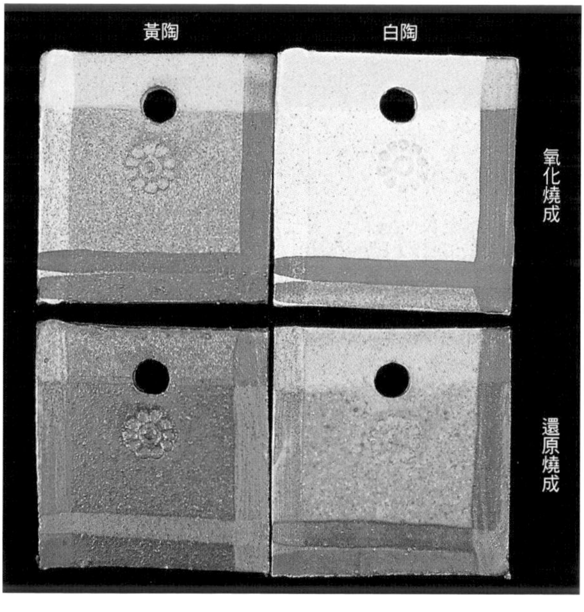

「伊羅保」這個名稱是來自於高麗茶碗的名稱。主要為長石、黃土及天然灰所調合而成的灰釉。在這個調合中，鐵分來自於天然松木灰。此外，還添加了高嶺土來強化失透感。

福島長石 10

天然松木灰 50

高嶺土 40

禾目蕎麥釉

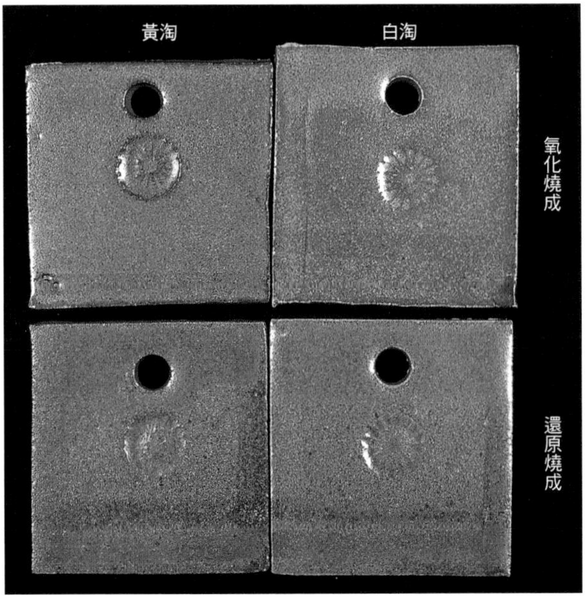

所謂的禾目，指的是釉藥流動所產生的紋路。在這個調合中，以無光白釉為基底，添加氧化鐵及金紅石來發色成茶色，並在釉藥中使白色的結晶流動來形成紋路。

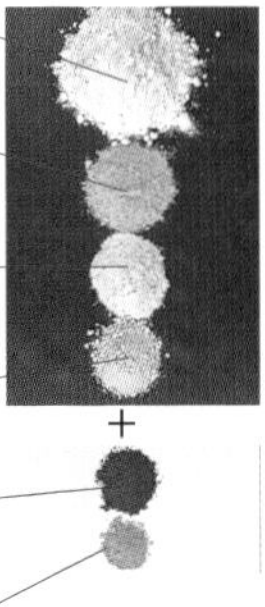

飴釉三兄弟「飴釉、蕎麥釉及禾目蕎麥釉」

「飴釉」、「蕎麥釉」、「禾目蕎麥釉」都是在基底釉藥中添加約7％氧化鐵的釉藥。

釉調的不同，來自於基底釉藥的添加劑不同所造成。飴釉的基底釉藥是「土灰釉」，如果再添加少量的碳酸鎂形成白色斑點，就成了蕎麥釉。如果再進一步添加金紅石使其易於流動，便是禾目蕎麥釉了。

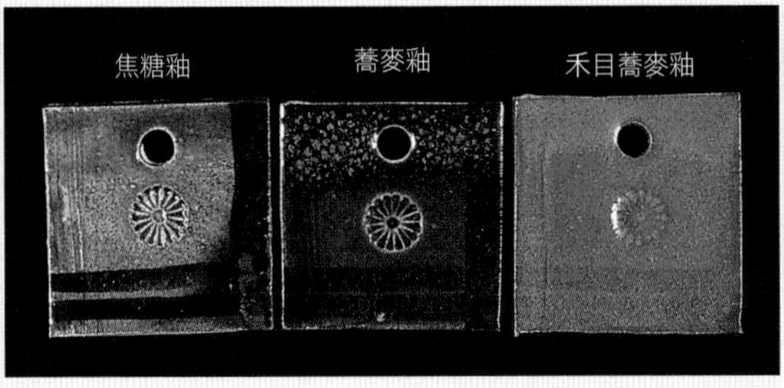

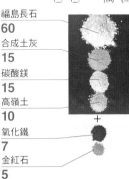

第六章

使用8種原料調合8種色釉

要想讓釉藥呈現出不同顏色，可以在基底釉藥中添加氧化鈷、氧化銅或二氧化錳等「著色金屬」。本章將示範以4種基底釉藥加上一定量的氧化鈷、氧化銅來搭配組合成8種不同的釉藥。

加上顏色的 2 種原料

在基底的基礎釉（土灰釉、無光白釉、藁白釉、玻璃釉）中添加2種不同的著色金屬來改變顏色。

原料的狀態	原料的特徵	原料名
	氧化鈷自古以來就被當作藍色系的釉藥著色劑使用。只要極少量就能發色，是一種非常穩定的著色金屬。相較於氧化燒成，還原燒成的藍色調發色狀態更佳。青花瓷所使用的「鈷藍」即是以氧化鈷為主成分，另外還含有錳、銅、鐵等成分。	氧化鈷
	氧化銅是一種根據調合或燒成方法不同，可以變化發色成藍色、綠色、黑色、紫色、紅色等等各種不同顏色的著色金屬。因為具有燒成中蒸散的性質，發色稍嫌不穩定。此外，在傳統的黃瀨戸技法「膽礬」當中，會將氧化銅當作綠色顏料使用。	氧化銅

著色劑類

銅的各種發色狀態

陶藝所使用的含銅原料當中，可以列舉如「氧化銅」、「碳酸銅」、「銅粉」等等。這些原料會因為基礎釉中所含之鹼類的種類及添加劑而變化成各式各樣不同的顏色。

氧化燒成時會變成藍色～綠色，作為「織部釉」「土耳其釉」的著色劑；還原燒成時則變化為紫色～紅色，作為「辰砂釉」或「釉裏紅」使用。

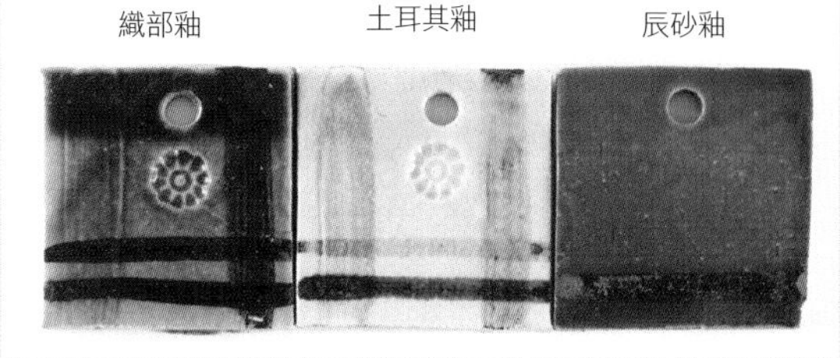

8種原料的功用

構成基底的4種釉藥的6種原料各自的作用已經在第三、四章解說過。只要在其中添加著色劑「氧化鈷」與「氧化銅」，即可改變顏色。

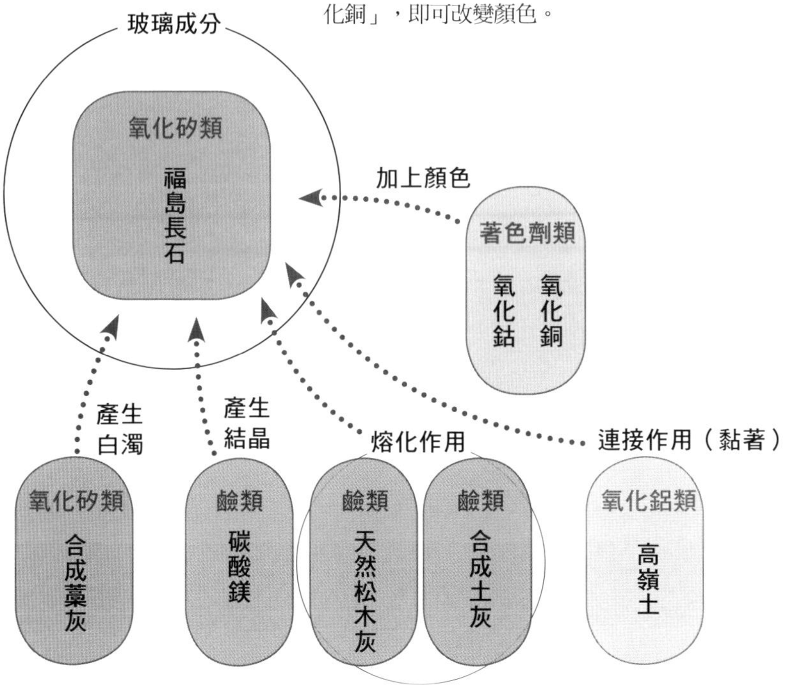

色釉的調合一覽表

釉藥名 / 原料	瑠璃釉2	無光青釉	禾目青釉	青玻璃釉	織部釉2	無光綠釉	禾目綠釉	綠玻璃釉
合成藁灰			40				40	
福島長石	70	60	30	30	70	60	30	30
合成土灰	30	15	30		30	15	30	
天然松木灰				70				70
碳酸鎂		15				15		
高嶺土		10				10		
氧化鈷	0.3	0.3	0.3	0.3				
氧化銅					7	7	7	7

※製作釉藥時使用的篩網皆為60目

瑠璃釉〔2〕 *33*

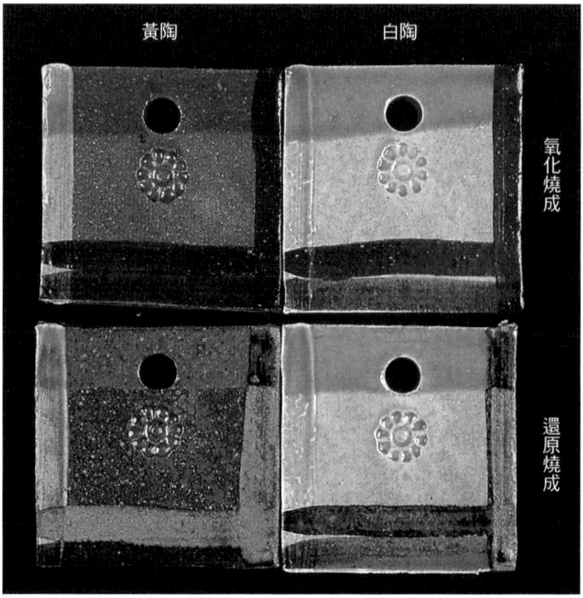

在土灰釉中額外添加0.3%氧化鈷，即可調合成淺色的瑠璃釉。由於土灰釉是由天然松木灰調合而成，因此受到鐵分的影響，會呈現稍微沈穩的色調。依照釉藥的濃淡不同，顏色的深淺也會有所變化。

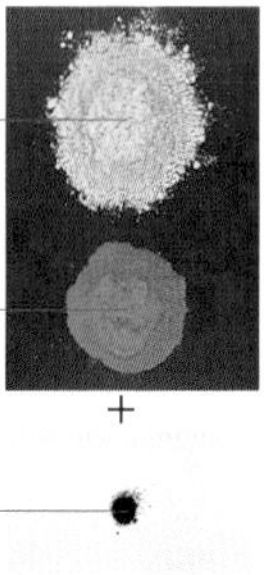

福島長石
70

天然松木灰
30

＋

氧化鈷
0.3

無光青釉 *34*

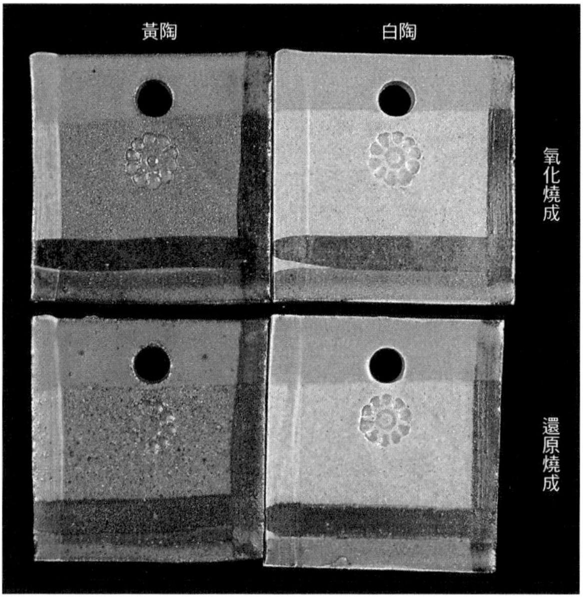

在無光白釉中額外添加0.3%氧化鈷，就可以調合成無光質的藍色釉藥。藉由無光白釉中所含有的碳酸鎂的結晶作用，外觀會呈現出白濁的淺藍色。施釉較濃，顏色就會較深，也會變得不透明。

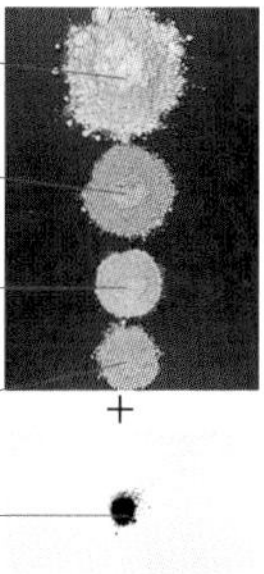

福島長石
60

合成土灰
15

碳酸鎂
15

高嶺土
10

＋

氧化鈷
0.3

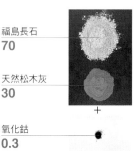

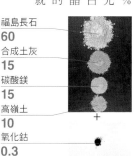

35 禾目青釉

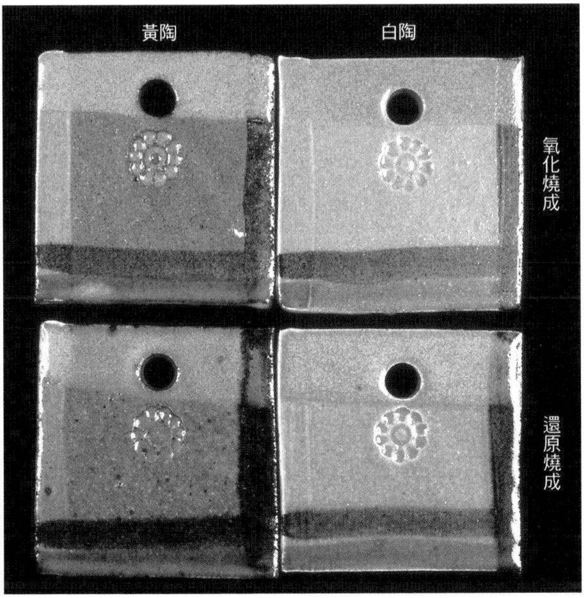

在藁白釉中額外添加0.3%氧化鈷，顏色就會變成具有深度的藍色。施釉較厚時，因為藁白釉中所含之合成藁灰的效果，外觀會變得白濁，呈現出輕盈的釉調。

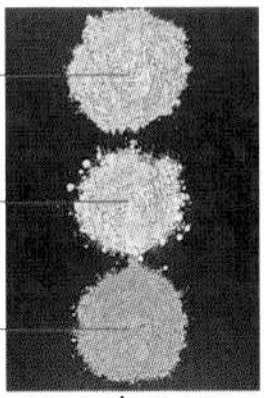

合成藁灰 40
福島長石 30
合成土灰 30
+
氧化鈷 0.3

36 青玻璃釉

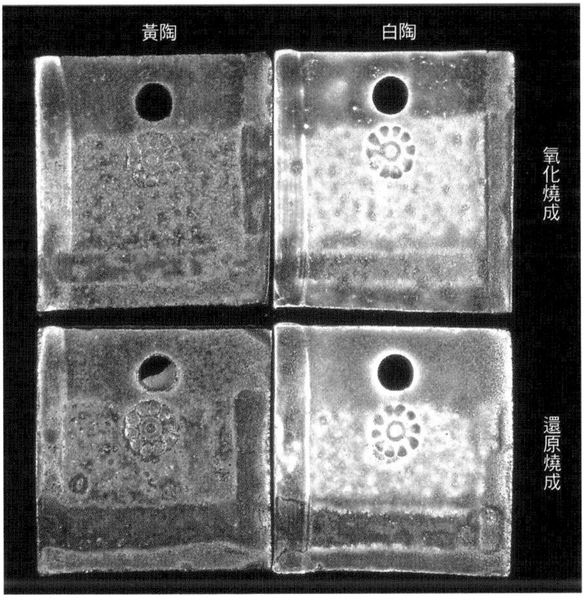

因為基底的玻璃釉含有許多松木灰，受到鐵分的影響，外觀會呈現出帶有綠色的沈穩藍色。由於易於熔化的關係，釉藥流動也會使氧化鐵等釉下彩的顏料滲進釉中。

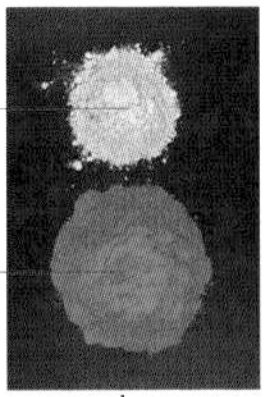

福島長石 30
天然松木灰 70
+
氧化鈷 0.3

織部釉〔2〕 *37*

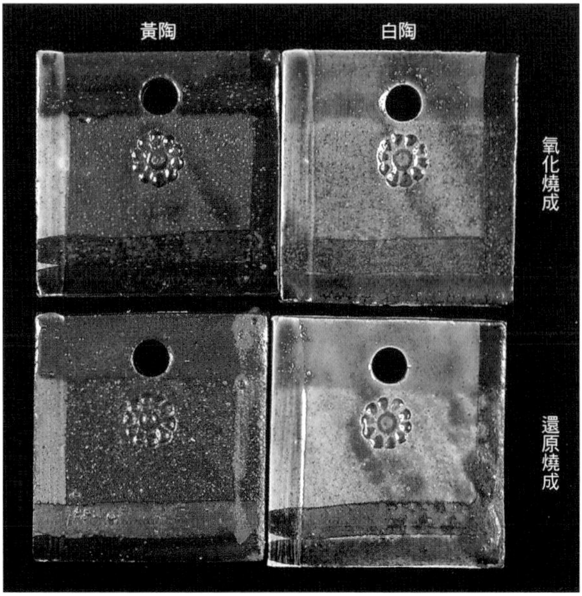

在土灰釉中額外添加7%氧化銅，即可調合出一般的織部釉。釉調相較穩定且具有光澤。如果增加土灰釉的天然松木灰比例，光澤會減少，顏色會呈現出深度，但同時流動性也會增加。

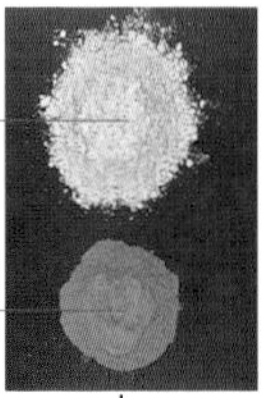

福島長石 70

天然松木灰 30

＋

氧化銅 7

無光綠釉 *38*

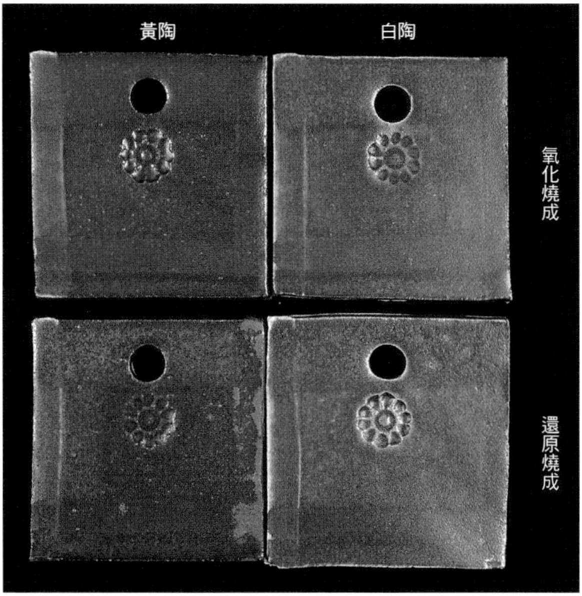

由於是以堅硬的無光白釉為基底，因此氧化銅會發色成偏黑色。氧化銅所調合出來的色釉，如果是以具有透明感，易於熔化的釉藥為基底，綠色的發色狀態會較佳。

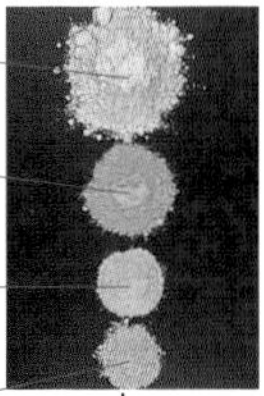

福島長石 60

合成土灰 15

碳酸鎂 15

高嶺土 10

＋

氧化銅 7

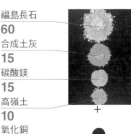

39 禾目綠釉

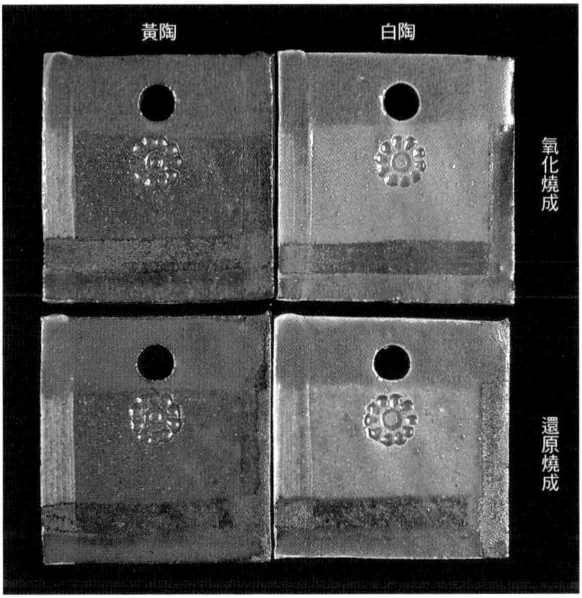

在藁白釉中額外添加7%氧化銅，即可調合成深綠色的釉藥。由於基底的藁白釉白濁且不透明的關係，厚塗施釉的部分顏色會變得較深，發色狀態不佳。

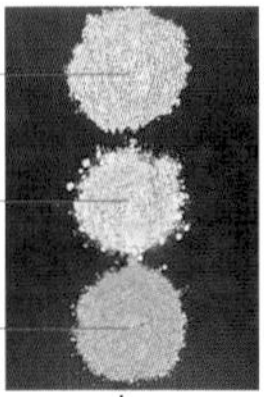

合成藁灰 40
福島長石 30
合成土灰 30
＋
氧化銅 7

40 綠玻璃釉

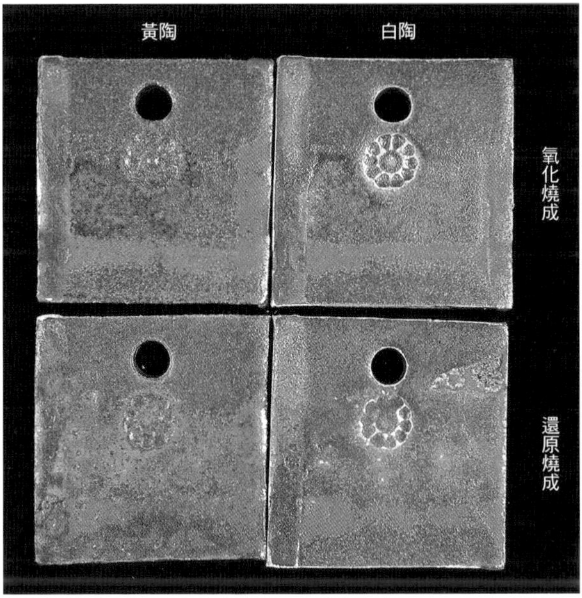

基底的玻璃釉因為玻璃層無法厚塗的關係，氧化銅會呈現出金屬的質感。由於占有整體7成比例的天然松木灰中含有鐵分，因此整體顏色會偏黑色。

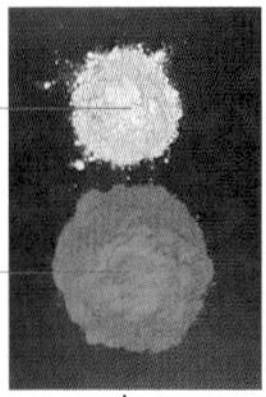

福島長石 30
天然松木灰 70
＋
氧化銅 7

添加氧化鐵，調合成具有深度的顏色

若將「氧化鈷」、「氧化銅」添加至雜質成分較少的石灰透明釉中，可以調合成發色鮮艷的釉藥。

然而卻容易流於過度鮮艷而沒有深度的色調，因此要在釉藥中添加少量鐵分（氧化鐵或黃土等），讓顏色顯得更沈穩一些。

※第六章的瑠璃釉〔2〕（第44頁）與織部釉〔2〕（第46頁），因為基底的土灰釉是由天然松木灰調合而成，受到其中所含鐵分的影響，色調會顯得相較沈穩。

有添加氧化鐵的瑠璃釉

氧化燒成

還原燒成

三號釉（石灰透明）
100

氧化鈷
0.3

氧化鐵
2

沒有添加氧化鐵的瑠璃釉

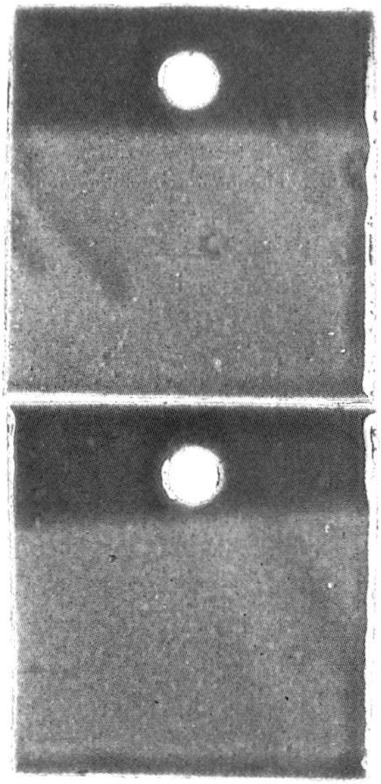

氧化燒成

還原燒成

三號釉（石灰透明）
100

氧化鈷
0.3

第七章

以4種天然灰調合成12種灰釉

作為燃料使用的樹木所產生的「灰」降落在素坯上，在高溫環境下與黏土中所含有的矽酸分引起反應，因而形成了自然釉。據說這就是釉藥的起源。樹木的灰中含有以鈣質為中心的鹼性成分，這也發揮了媒熔劑的作用。即使是相同的樹木，也會因為生長的環境以及精製方法而產生性質上的變化，屬於不穩定的原料。然而像這樣的天然材料所特有的複雜成分，卻能夠呈現出獨特且具有深度的釉調。

使用天然松木灰的釉藥

在此處只添加了福島長石進行簡單的調合，以便更容易理解灰的特徵。依照3階段的調合比例來進行測試。試片的右端以氧化鐵劃線，左端則以氧化鈷劃線。

原料的狀態	特徵	原料名
	除了主成分的鈣質以外，還富含各式各樣的鹼分、鐵分以及其他雜質成分。雖然可以呈現出恰到好處的色調，但調合比例一旦增加，就會造成鹼分過多，呈現出沒有光澤的獨特釉表面。	**天然松木灰**

天然松木灰（3成） *41*

在氧化燒成時，呈現淺黃色；在還原燒成時，則呈現稍微偏綠的藍色。厚塗施釉時會稍微流動，形成較大的貫入。

※白陶、氧化燒成的二重施釉部分的釉藥因為剝離而堆積在下方，這是意外事故所造成的狀況。

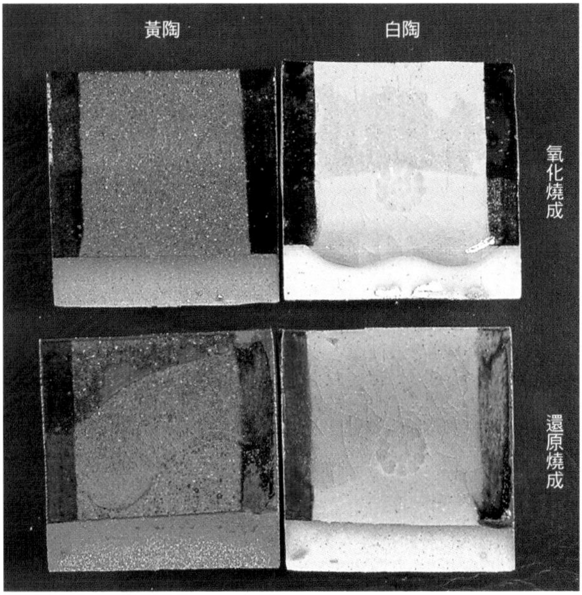

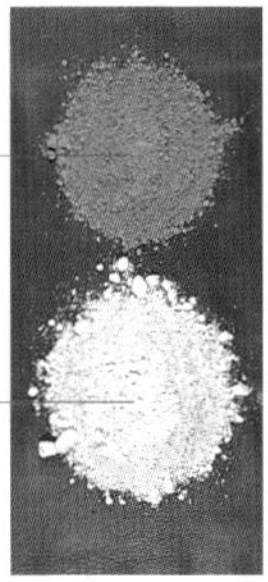

天然松木灰
30

福島長石
70

42 天然松木灰（5成）

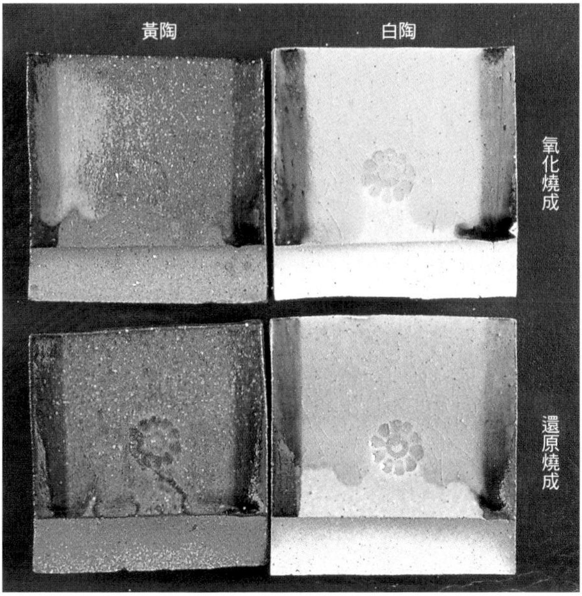

在氧化燒成時，發色為黃色。在還原燒成時，發色成深綠色。外觀呈現比例平衡的漂亮釉調。熔解溫度剛剛好，釉藥流動的感覺也恰到好處。

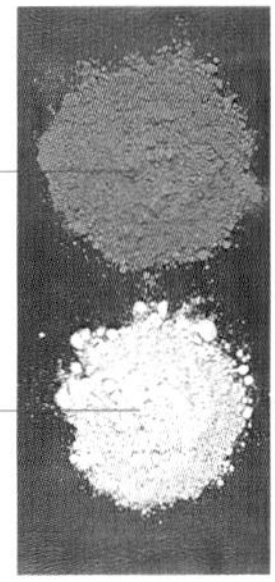
天然松木灰
50
福島長石
50

43 天然松木灰（7成）

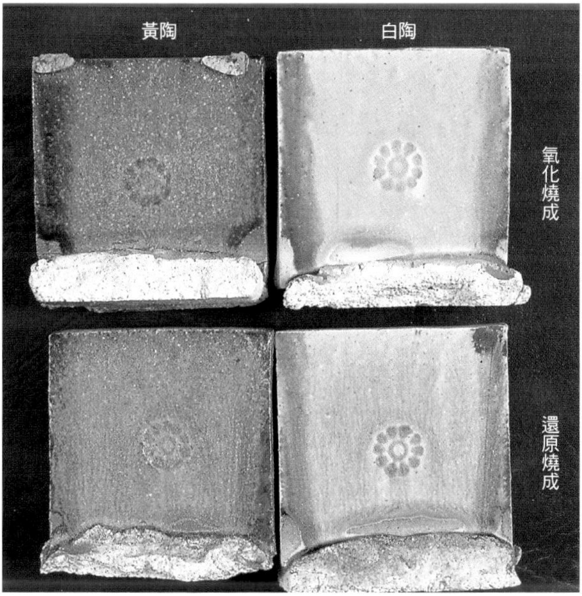

受到天然松木灰的影響，鹼分增加，熔解溫度降低，釉藥變得容易流動。此外，受到無法熔入釉中的鹼分影響，釉表面呈現消光狀。沈穩低調的淺色調為其特徵。

天然松木灰
70
福島長石
30

使用天然橡木灰的釉藥

在此處只添加了福島長石進行簡單的調合，以便更容易理解灰的特徵。依照3階段的調合比例來進行測試。試片的右端以氧化鐵劃線，左端則以氧化鈷劃線。

原料的狀態	特徵	原料名
	橡木灰是與「松木灰」齊名，調合釉藥經常使用的原料灰之一。鹼分與鐵分的含量恰到好處，雜質成分也較少，因此色調呈現出清澈的感覺。	天然橡木灰

天然橡木灰（3成） *44*

在氧化燒成時，發色為淺黃色。在還原燒成時，呈現出淺藍綠色。具有光澤，且有較大的貫入。不容易產生結晶，釉調乾淨美觀而且清澈。

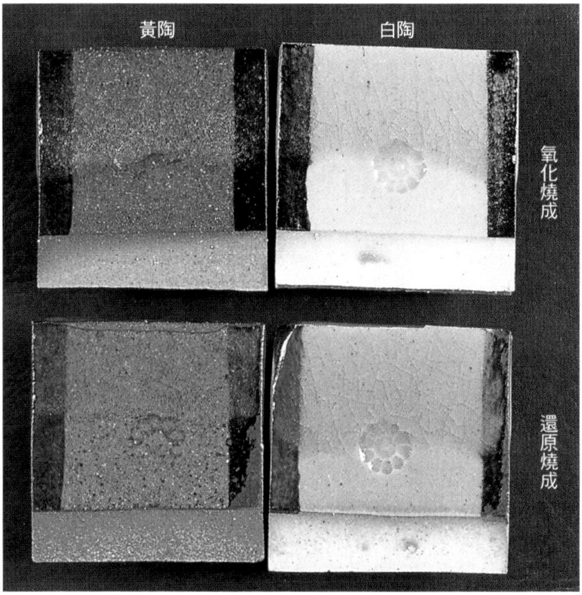

天然橡木灰 30

福島長石 70

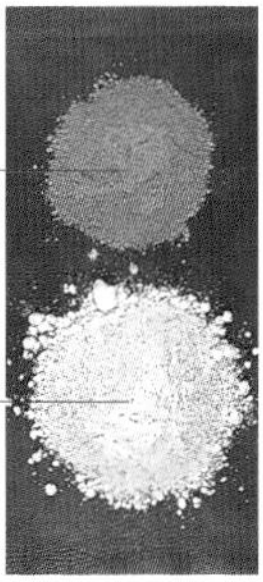

45 天然橡木灰（5成）

在氧化燒成時，發色為黃色；在還原燒成時，呈現出較深的藍綠色。熔解溫度稍微較低，因此釉藥較容易流動。釉藥堆積的部分也顯得清澈，發色很漂亮。

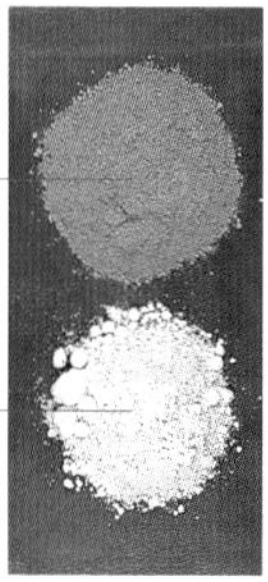

天然橡木灰
50

福島長石
50

46 天然橡木灰（7成）

受到天然橡木灰所含鹼分的影響，熔解溫度下降，釉藥會完全流動。外觀相對具有光澤，色調也不怎麼會呈現渾濁。表面有細微的冰裂。

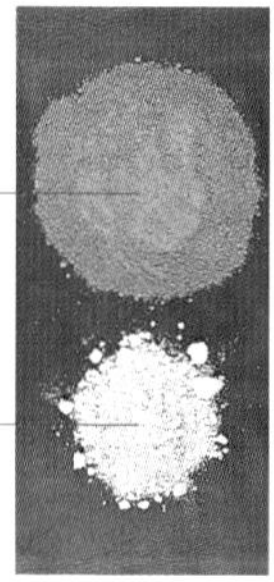

天然橡木灰
70

福島長石
30

使用天然栗皮灰的釉藥

在此處只添加了福島長石進行簡單的調合，以便更容易理解灰的特徵。依照3階段的調合比例來進行測試。試片的右端以氧化鐵劃線，左端則以氧化鈷劃線。

原料的狀態	特徵	原料名
	灰的顏色呈現淺黃色，外觀看起來也很乾淨的天然灰。矽酸成分較多，氧化鋁分或鐵分等雜質成分較少，因此釉調會顯得很乾淨。	天然栗皮灰

天然栗皮灰（3成）

47

在氧化燒成時，發色為清澈的淡黃色；在還原燒成時，則呈現乾淨的淺藍紫色。釉藥較厚的部分會出現些微的白濁，這是因為天然栗皮灰所含有的矽酸成分造成的影響。

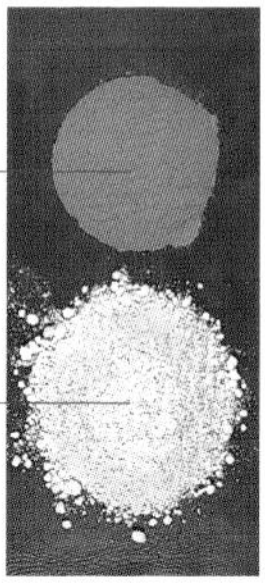

48 天然栗皮灰（5成）

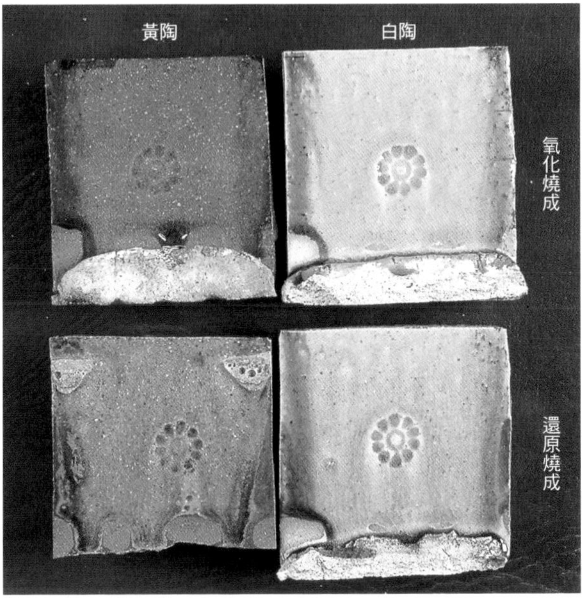

受到天然栗皮灰所含有的鹼分影響，熔點降低，成為容易流動的釉藥。氧化燒成時發色為黃色；在還原燒成時，呈現深綠色。釉表面具有光澤，形成相對清澈的釉調。

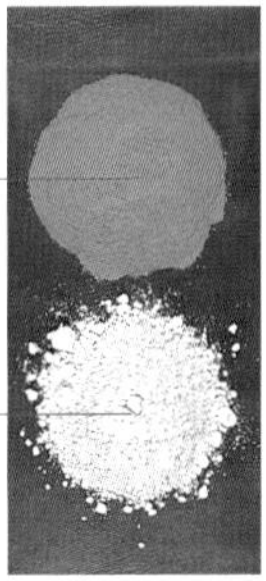

天然栗皮灰
50

福島長石
50

49 天然栗皮灰（7成）

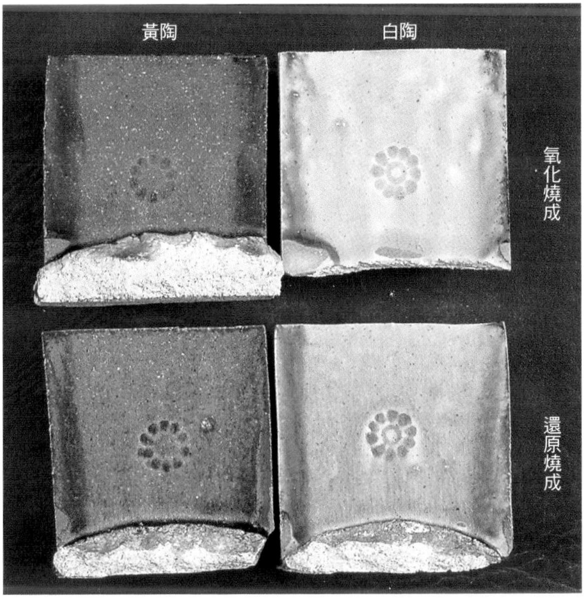

受到天然栗皮灰所含有的鹼分影響，熔點降低，釉藥完全流動。釉藥堆積部分的釉調，顯得相對清澈。但在還原燒成時，釉表面會呈現稍微消光的狀態。

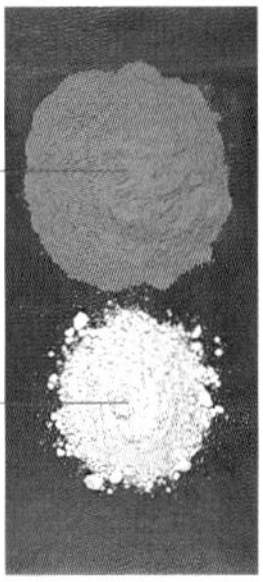

天然栗皮灰
70

福島長石
30

使用天然櫟木灰的釉藥

在此處只添加了福島長石進行簡單的調合，以便更容易理解灰的特徵。依照3階段的調合比例來進行測試。試片的右端以氧化鐵劃線，左端則以氧化鈷劃線。

原料的狀態	特徵	原料名
	這裡所使用的「櫟木灰」，沒有經過太多的精製過程，顆粒較粗，而且也有黑色顆粒殘留。因為富含鎂及磷酸成分的關係，容易產生結晶作用，使釉調呈現複雜的變化。	**天然櫟木灰**

天然櫟木灰（3成） *50*

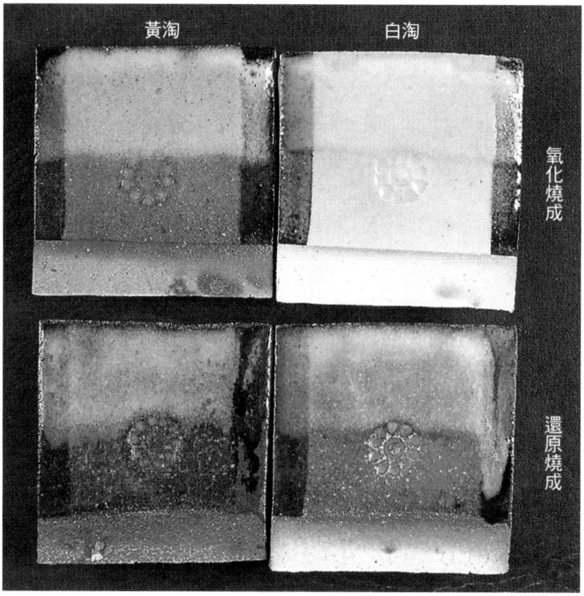

受到天然櫟木灰所含有的鎂及磷酸成分的影響，厚塗施釉部分會變得乳濁。沒有太明顯的色調，釉表面呈現消光狀態。

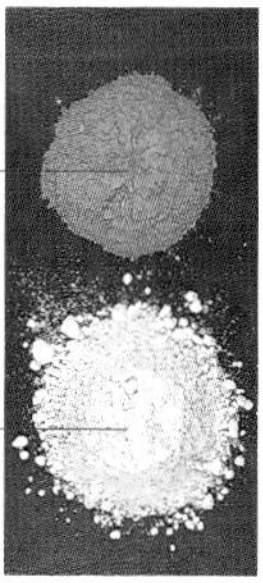

天然櫟木灰
30

福島長石
70

51 天然櫟木灰（5成）

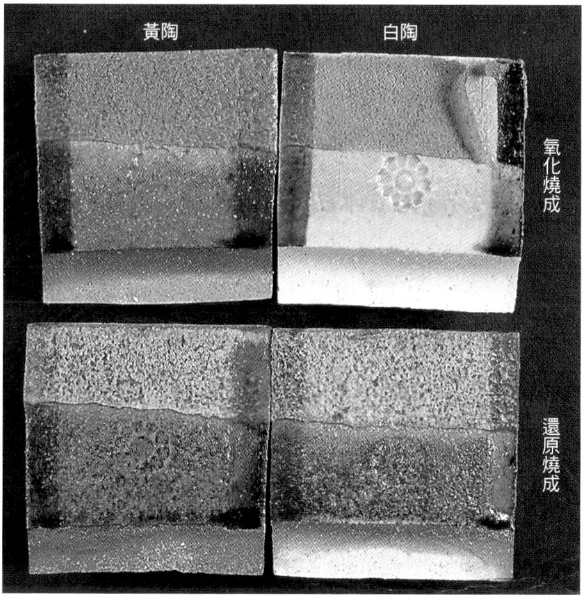

也許是受到沒有完全精製的灰汁（多餘的鹼分）影響，厚塗施釉的部分會維持乾枯的外觀，無法完全熔化而殘留下來。薄塗施釉的部分雖然會熔化，但在還原燒成時，釉表面會顯得粗糙。

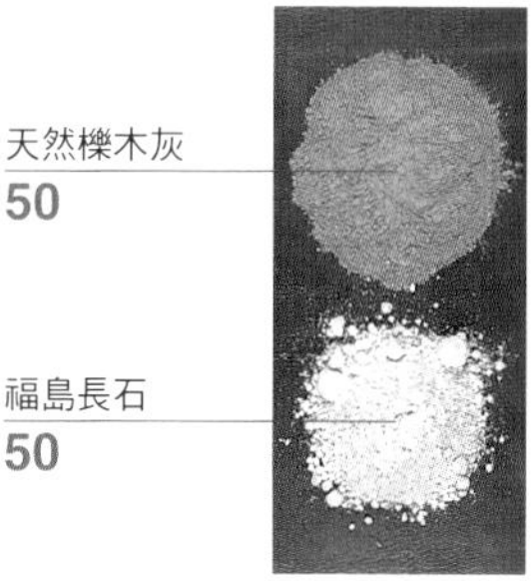

52 天然櫟木灰（7成）

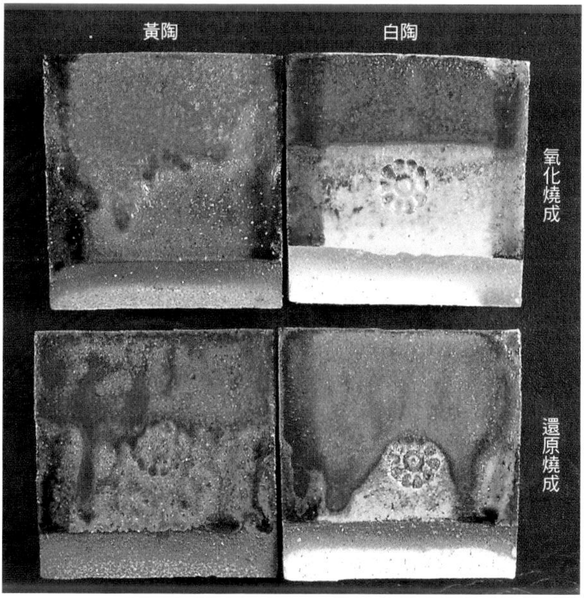

釉藥雖然會熔化產生流動，但受到天然櫟木灰所含有的金屬類及雜質成分的影響，呈現出偏黑渾濁的釉調。釉表面也會有一些乾枯的狀態。

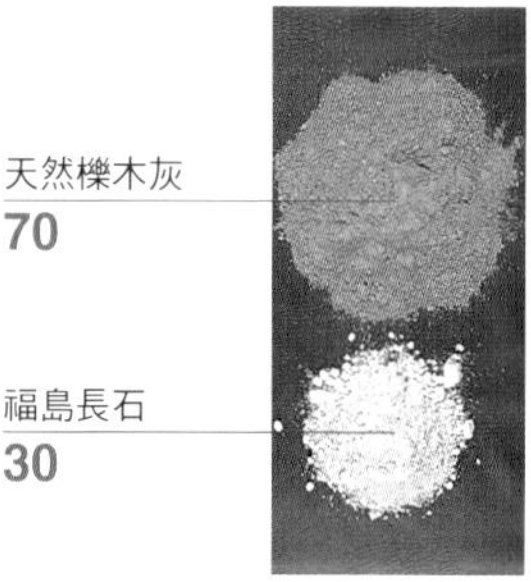

天然灰的原料製作

釉藥原料的木灰、藁灰可以利用暖爐、火堆或者是烤肉用的木炭灰等等，自行精製。

製作原料灰的重點在於稱為「水簸」的精製作業。這是一種將原料灰浸泡在水中，除去多餘的鹼分，同時將顆粒整理平均的作業。雖然任誰都能輕易進行這項作業，但要想將多餘的鹼分完全去除，需要耗費很長的時間，並且需要不斷換水數次。

木灰會因為樹木種類與土壤狀態不同，在調合成釉藥時產生色調與調子的差異。在製作各種樹木灰的過程中，不由得讓人親身感受到自然界不可思議的魅力。

將藁灰燃燒後進行水簸

1 將綁成小束的藁（秸稈）3、4捆倚靠在一起點火。燃燒起火後，在周圍再堆上藁束，像這樣慢慢地向外擴張加大火堆，讓藁束燃燒。

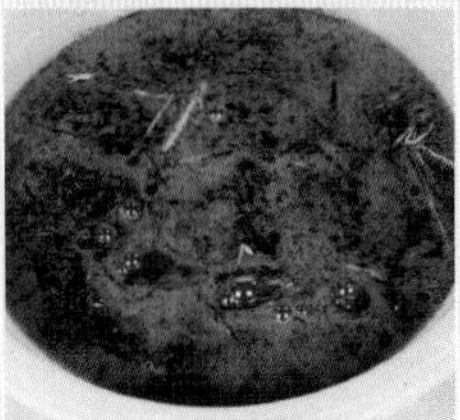

2 藁灰不要使其完全燃燒殆盡。據說殘留黑色的部分，會在釉燒中產生氣體，造成窯變來賦予作品深度。此時將藁灰浸泡在水中，灰汁就會浮出水面。（灰汁即為多餘的鹼分）

3 用手將較大的殘渣取出，放置一天左右。等藁灰沈入水中，再將上層水倒掉去除灰汁。

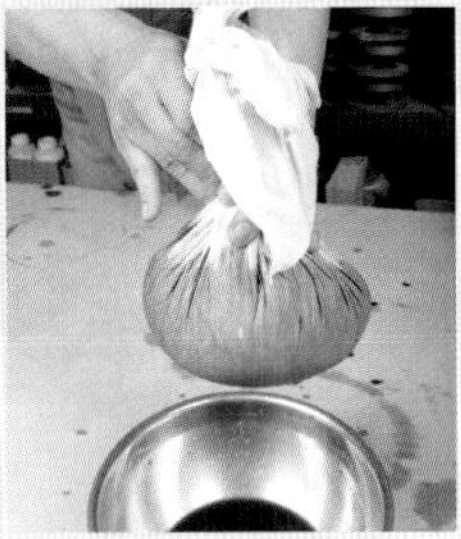

4 重覆進行工程3，等待數個月後不再有灰汁浮出水面，使用30目的篩網用力擦抹過篩。（篩網的目數會依照灰的種類及目的而有所調整）過完篩後，用布將灰包起來吊掛瀝乾。

5 乾燥後，自製的天然藁灰就完成了。

※取材協力：Kamakura山陶藝工房

第八章

使用4種原料調合16種化妝土

施塗在生坯上的化妝土，具備接近黏土的性質。本章使用「2種高嶺土」、「蛙目黏土」及「大道土」來製作化妝土。將2種不同原料以2比1的比例混合，試著營造出不同的色調與質感的變化。

使用日本陶料高嶺土的化妝土

※先將各自的原料分別單獨溶化成相同的濃度，再以液狀的狀態進行調合。
※施釉的釉藥使用的是三號釉（石灰透明）。

原料的狀態	特徵	原料名
	這是石灰釉的知名廠商，原材料製造商「日本陶料」的高嶺土。以朝鮮高嶺土為基底進行調整而成的產品。與黏土的搭配性良好，特徵是柔和的白色發色。	日本陶料高嶺土

日本陶料高嶺土 單獨使用

53

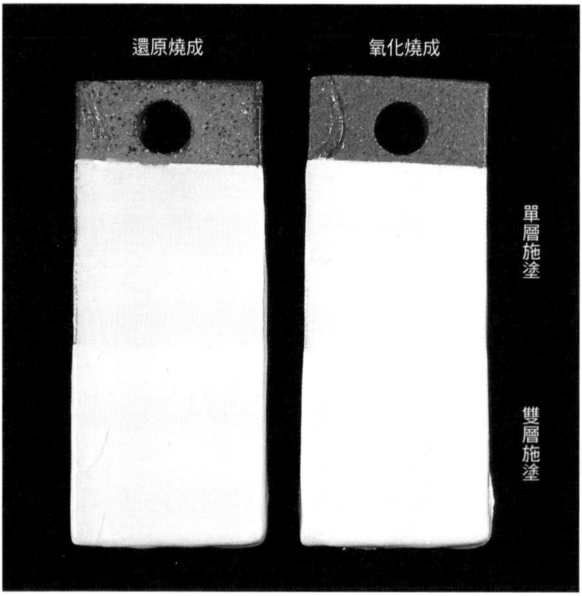

以氧化燒成時，發色會帶著些微的黃色。在還原燒成時，很容易呈現出如肌膚色般的緋紅色。在素坯上的定著性不錯，是一種裂痕較少的化妝土。

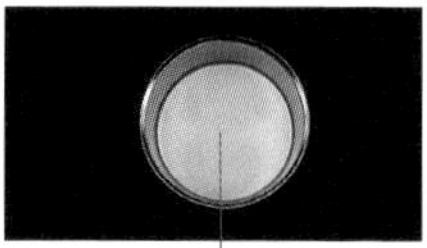

日本陶料高嶺土
單獨使用

54

日本陶料高嶺土 河東高嶺土 1:2

受到河東高嶺土的影響，比起單獨使用時，會增加些微的白色發色程度。在還原燒成時，不容易呈現出緋紅色。厚塗施釉時，容易產生河東高嶺土特有的裂痕。

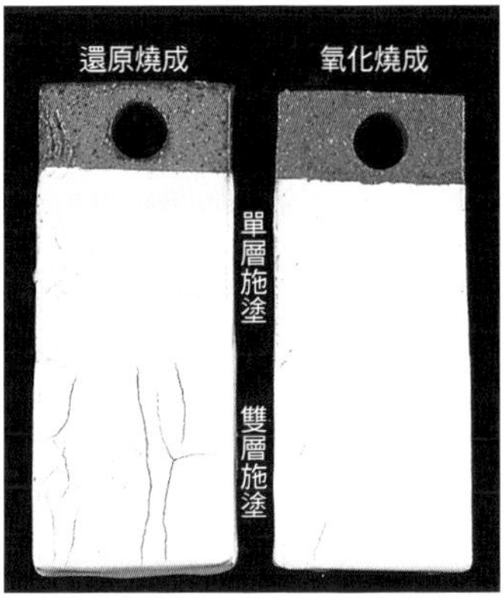

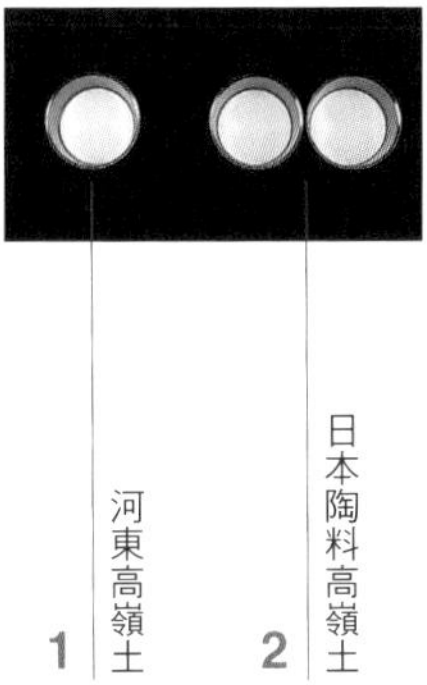

55

日本陶料高嶺土 蛙目黏土 1:2

受到蛙目黏土的影響，不管是氧化、還原燒成都會比起單獨使用時，發色更偏向黃色。在還原燒成時，容易呈現肌膚色～橙色的緋紅色。厚塗施釉時，容易產生裂痕。

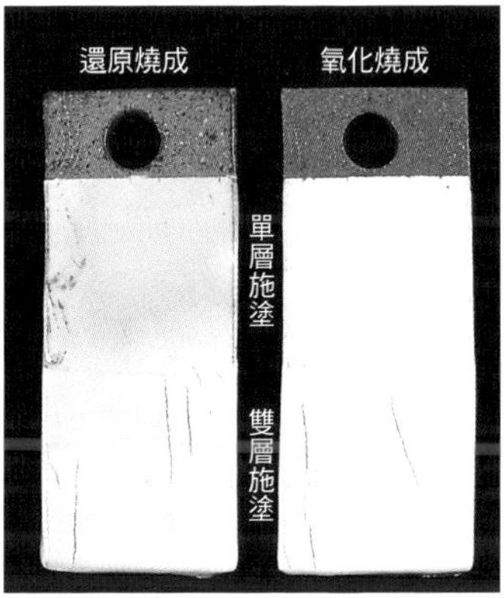

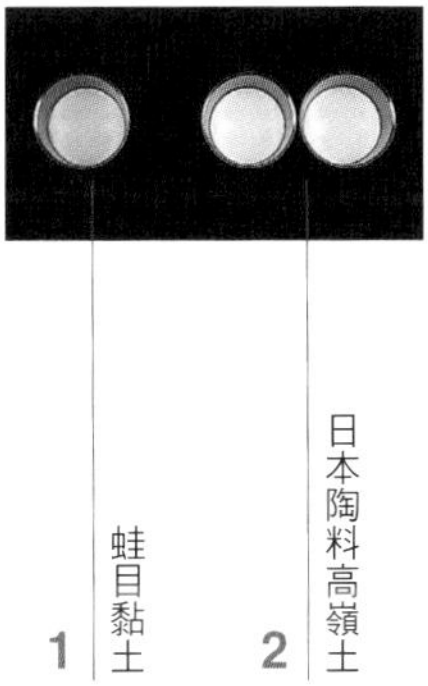

56

日本陶料高嶺土 大道土 1:2

受到大道土的影響，外觀的黃色調會很明顯地表現出來。在還原燒成時，容易呈現肌膚色～赤色的緋紅色。即使厚塗施釉，也不怎麼會產生裂痕。

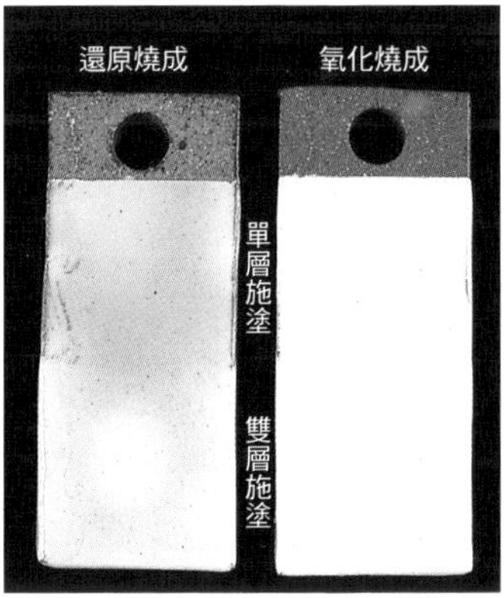

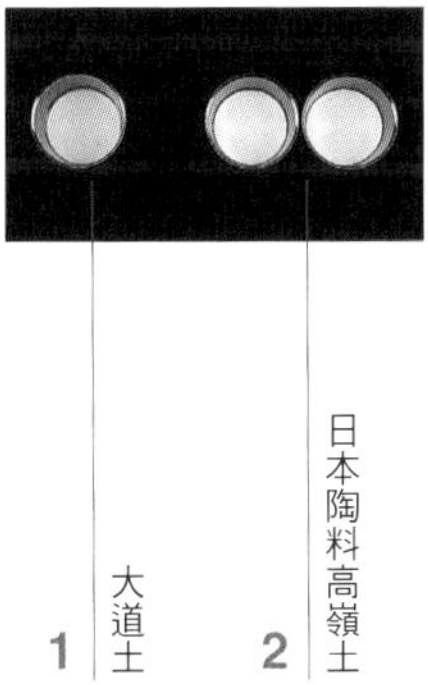

使用河東高嶺土的化妝土

※先將各自的原料分別單獨溶化成相同的濃度，再以液狀的狀態進行調合。
※施釉的釉藥使用的是三號釉（石灰透明）。

原料的狀態	特徵	原料名
	「河東」是韓國的一處地名。現在幾乎已經沒有天然的原料，市面上流通的產品主要是藉由人工調合而成。略帶藍色調，清爽俐落的白色發色為其特徵。	河東高嶺土

河東高嶺土 單獨使用 *57*

還原燒成會強化呈現出帶有獨特的藍色調的白色發色。單獨使用時可以定著在素坯上，但厚塗施釉時容易產生細微裂痕。薄塗施釉的話，容易呈現緋紅色。

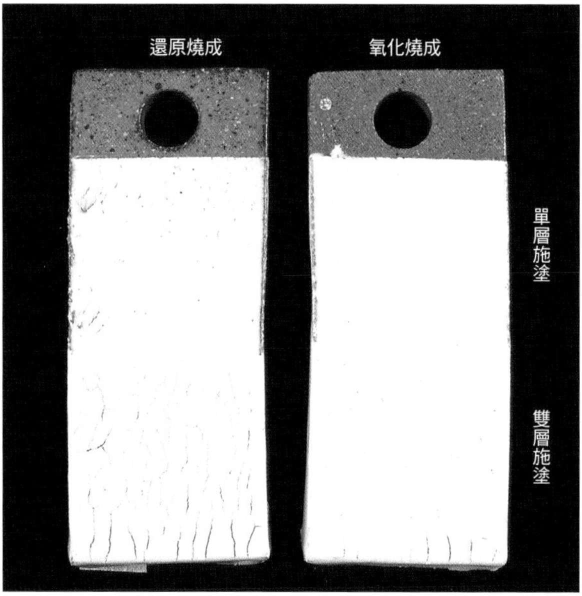

河東高嶺土
單獨使用

58

河東高嶺土 日本陶料高嶺土 1：2

以氧化燒成時，會帶有些微的黃色調。裂痕的呈現方式與單獨使用時並無太大變化。

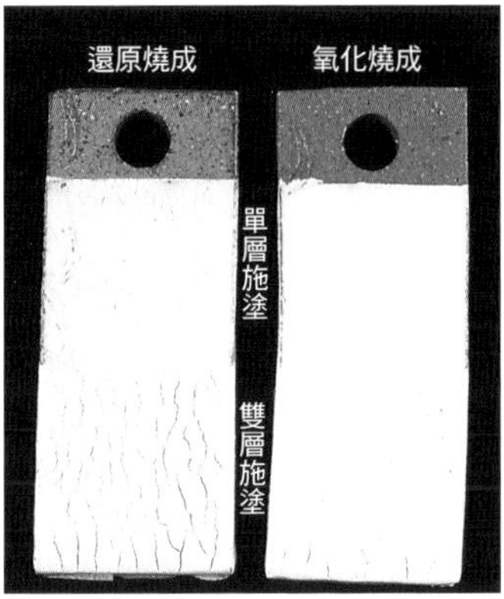

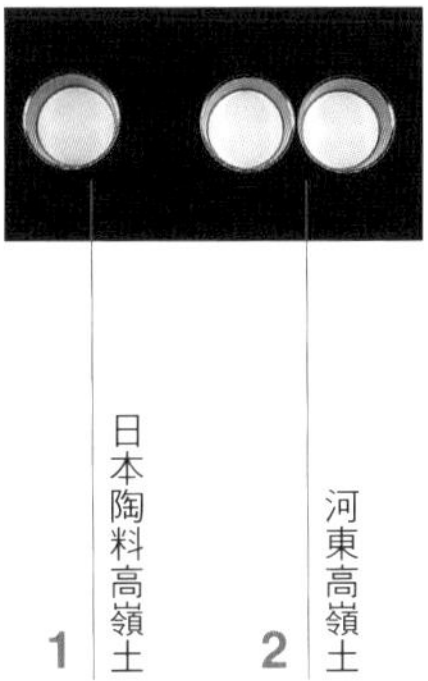

59

河東高嶺土 蛙目黏土 1：2

以氧化燒成時，發色偏向些微的黃色。在還原燒成時，容易呈現略帶緋紅色。裂痕的呈現方式會與單獨使用時有所差異。

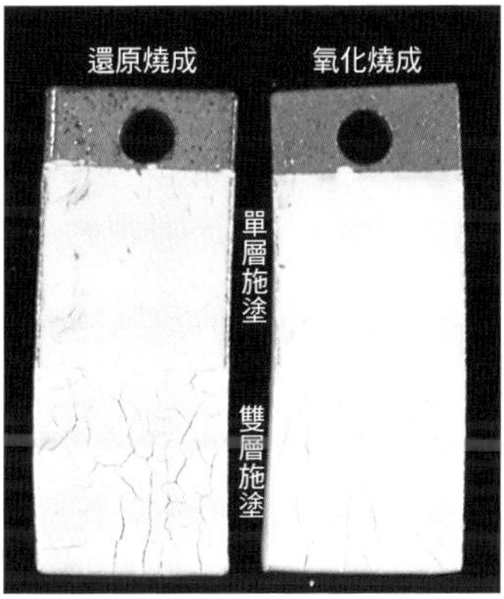

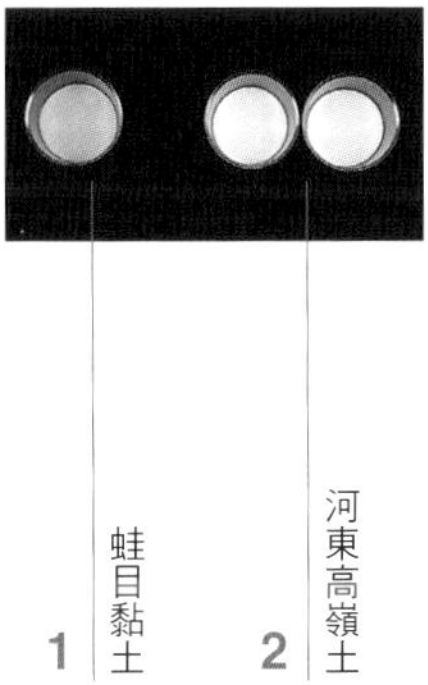

60

河東高嶺土 大道土 1：2

以氧化燒成時，發色偏向黃色。在還原燒成時，受到大道土的鐵分的影響，容易呈現出淺肌膚色的緋紅色。裂痕的呈現方式與單獨使用時沒有太大變化。

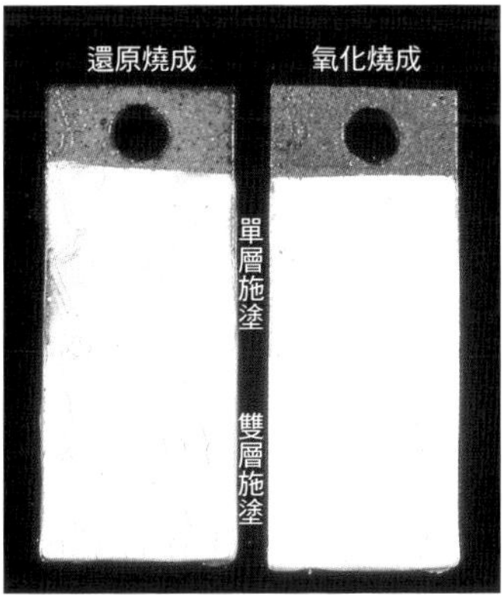

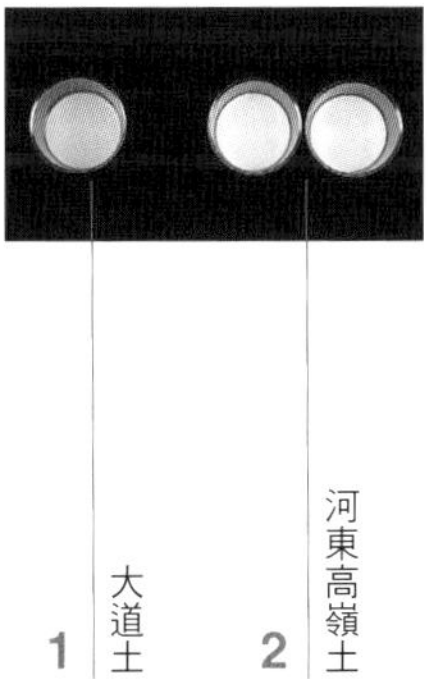

使用蛙目黏土的化妝土

※先將各自的原料分別單獨溶化成相同的濃度，再以液狀的狀態進行調合。
※施釉的釉藥使用的是三號釉（石灰透明）。

原料的狀態	特徵	原料名
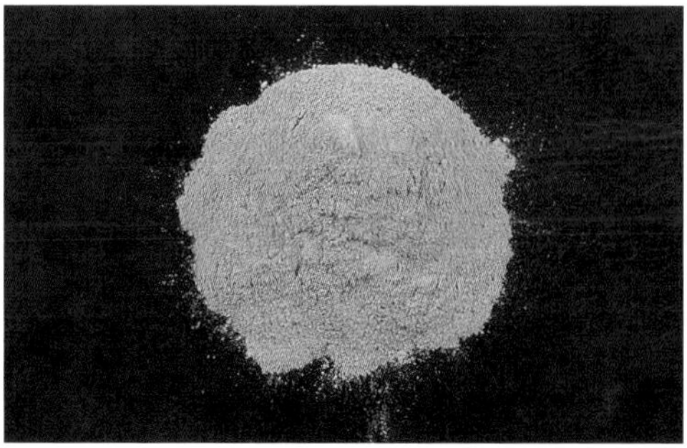	這是在日本各地都有產出的黏土。雖然屬於長石風化後形成的高嶺土類，但因為含有鐵分等雜質成分以及細微矽石粒的關係，質感略帶粗糙。	蛙目黏土

蛙目黏土 單獨使用 61

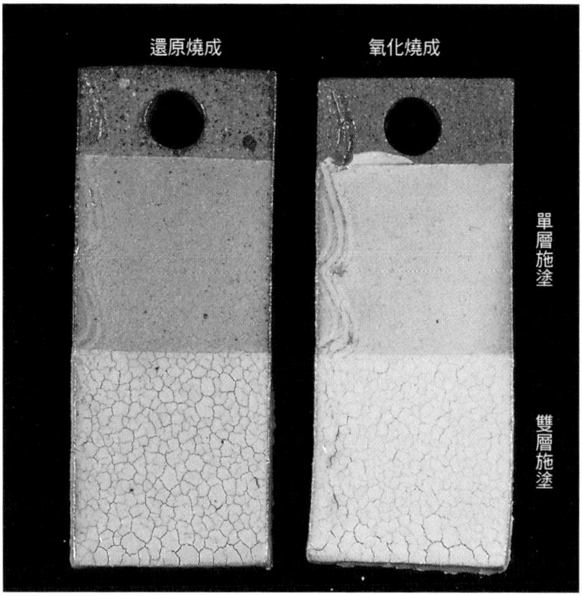

在氧化燒成時，會發色成淺黃色。在還原燒成時，則會呈現出灰色。施釉較厚時，會產生很深的細微龜甲形狀裂痕，但對於素坯的定著還算不錯。

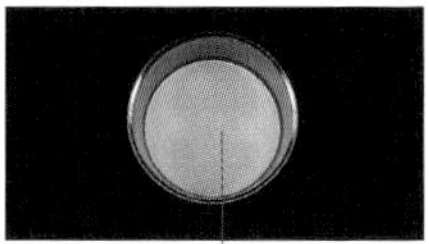

蛙目黏土 單獨使用

62

蛙目黏土 河東高嶺土 1：2

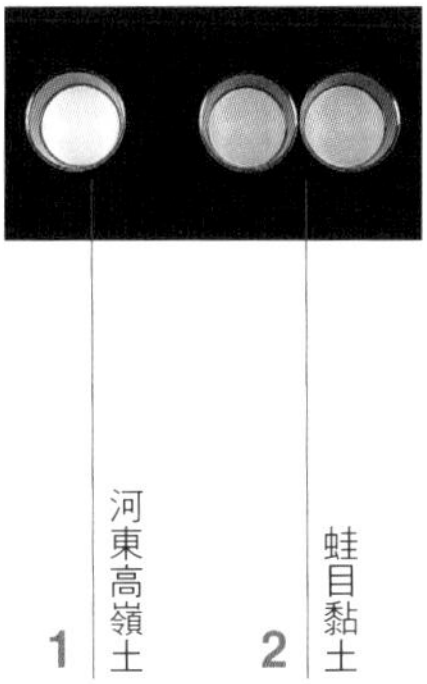

在氧化燒成時，會發色成帶有黃色調的白色。在還原燒成時，則會呈現淺茶色～橙色的緋紅色。與單獨使用相較之下，裂痕的程度稍微減輕一些。

63

蛙目黏土 日本陶料高嶺土 1：2

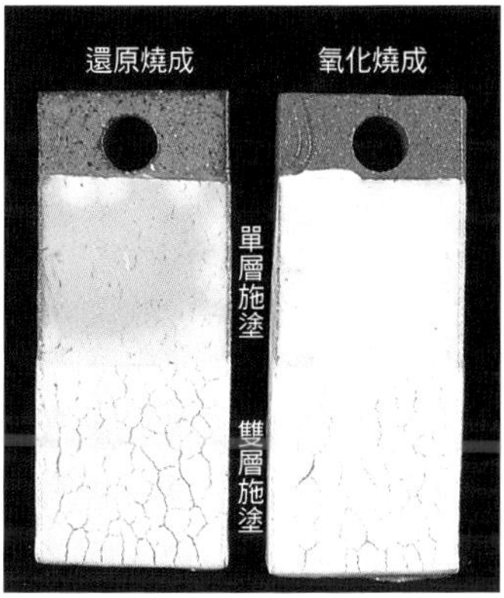

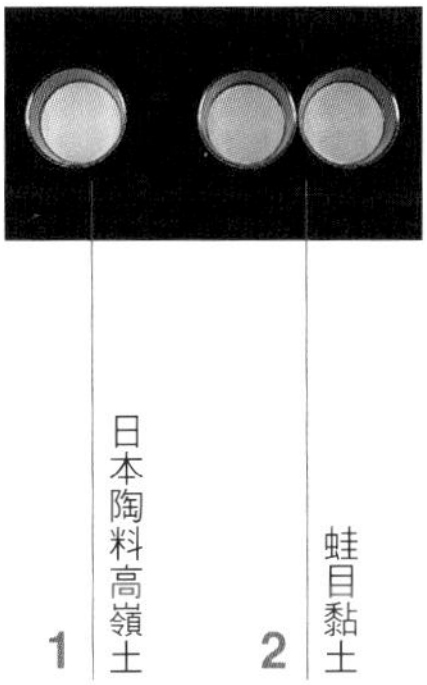

在氧化燒成時，會發色成略帶黃色調的柔和白色。在還原燒成時，則容易呈現橙色～黃色的緋紅色。厚塗施釉時，容易產生較大的裂痕。

64

蛙目黏土 大道土 1：2

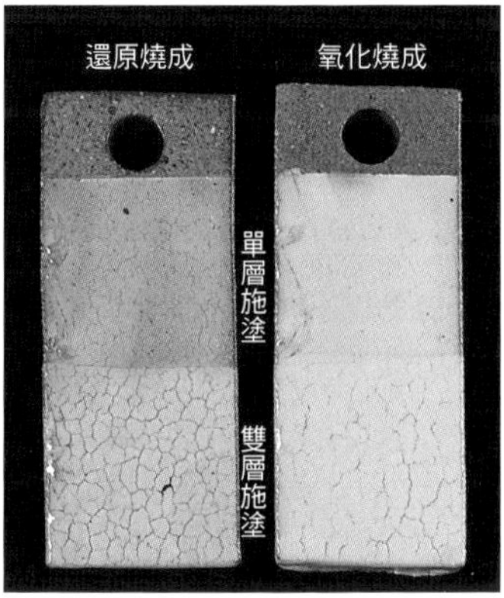

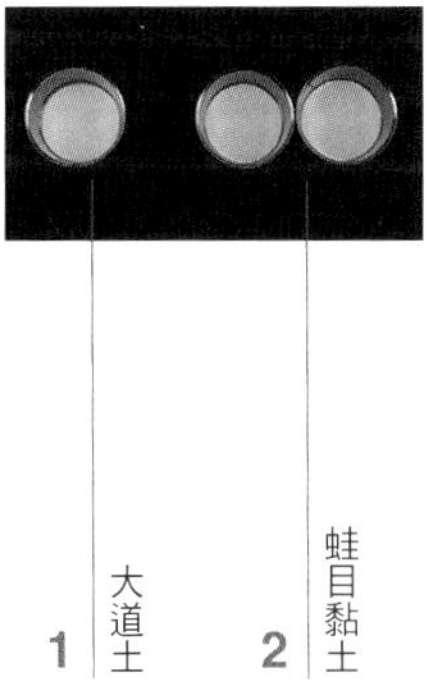

在氧化燒成時，發色成淺橙色。在還原燒成時，受到大道土的鐵分的影響，會呈現出灰色，也會顯現出緋紅色。厚塗施釉的話，會產生獨特的裂痕。

使用大道土的化妝土

※先將各自的原料分別單獨溶化成相同的濃度，再以液狀的狀態進行調合。
※施釉的釉藥使用的是三號釉（石灰透明）。

原料的狀態	特徵	原料名
	這是萩燒所使用的黏土之一。是一種含有細微砂子與鐵分的淺琵琶色黏土，土味質細而輕，相當受到歡迎。作為化妝土使用時，要先將糊狀的黏土完全乾燥一次，再溶入水中使用。	大道土

大道土 單獨使用

65

在氧化燒成時，發色為琵琶色（橙色）。在還原燒成時，整體呈現灰色，也容易呈現出緋紅色。與素坯的搭配性良好，厚塗施釉時也不會產生裂痕。

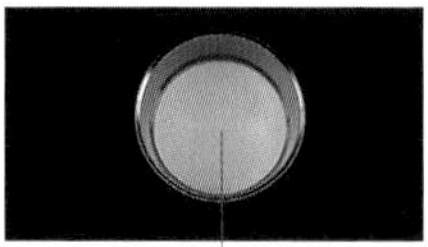

單獨使用 大道土

66

大道土 河東高嶺土 1:2

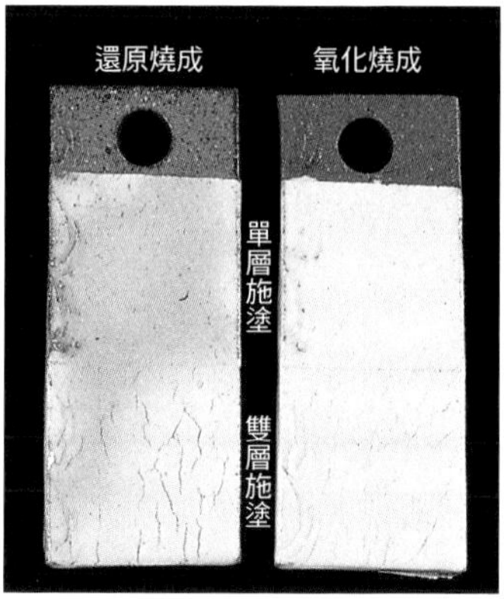

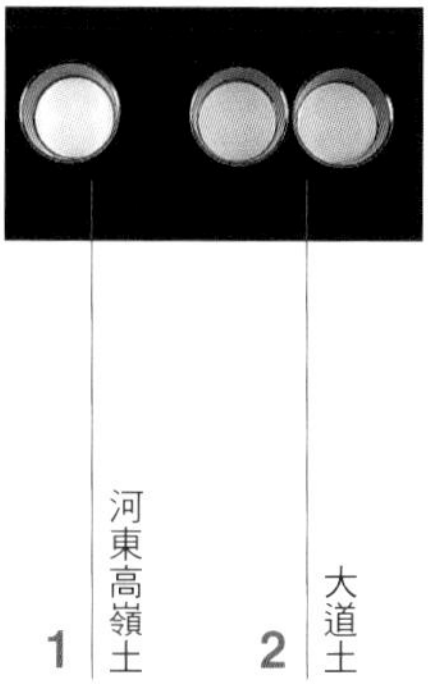

在氧化燒成時，發色為偏白色的淺肌膚色。在還原燒成時，容易呈現出黃色~橙色的緋紅色。厚塗施釉的話，受到河東高嶺土的影響，外觀略帶裂痕。

67

大道土 日本陶料高嶺土 1:2

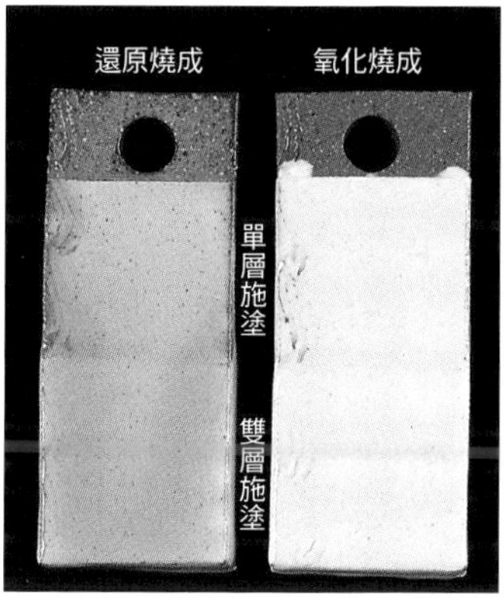

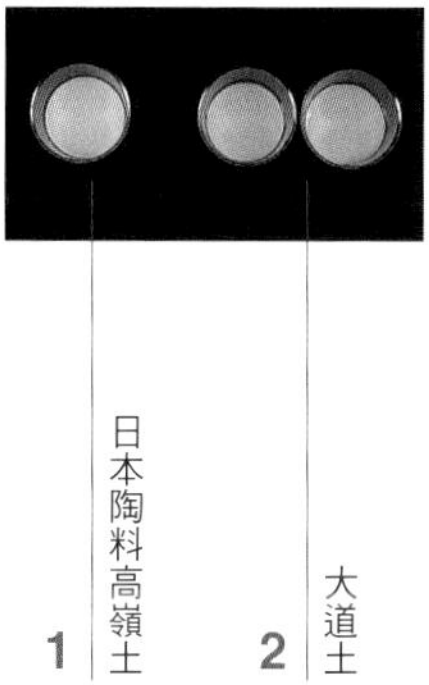

在氧化燒成時，發色為淺橙色。在還原燒成時，幾乎整體呈現黃色~赤色的緋紅色。與素坯的搭配性良好，厚塗施釉也不會產生裂痕。

68

大道土 蛙目黏土 1:2

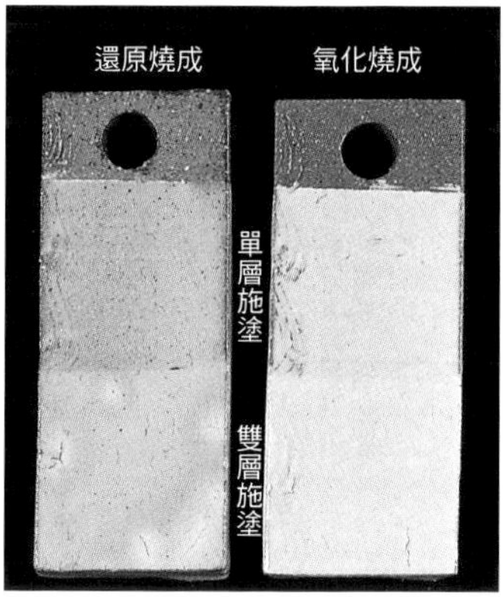

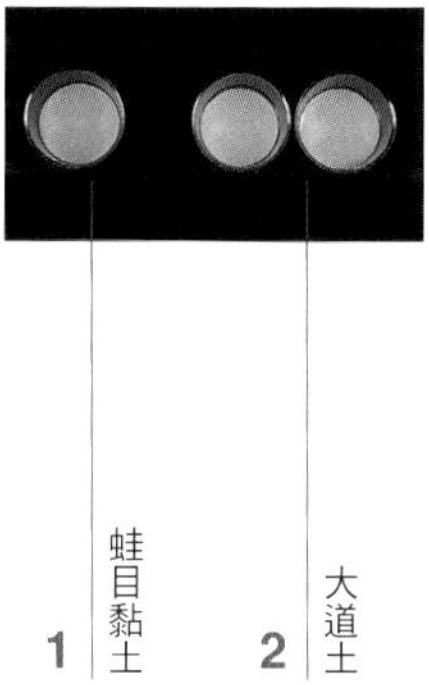

在氧化燒成時，發色為淺黃色。在還原燒成時，整體呈現灰色，也容易呈現出淺橙色的緋紅色。厚塗施釉的話，僅會有一些裂痕產生。

化妝土的調合及調整方式

化妝土的製作方式

化妝土的調合雖然是將液狀原料混合而成，但各原料溶入水中時，必須一邊注意不要發生結塊，一邊使各原料的濃度都維持相同。

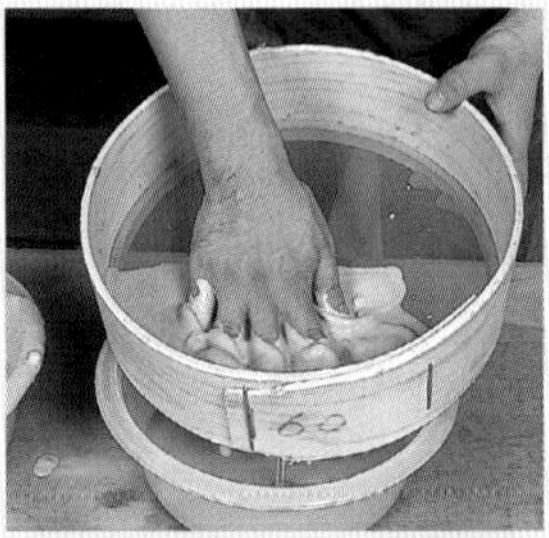

①注意不要過於稀薄，一點一點加水後，充分混合。

②最初的2～3回過篩，要用手一邊擦抹在篩網上，一邊過篩原料。但擦抹的過程中容易在篩網背面形成結塊。所以最後要搖晃整個篩網，或是將篩網在盆子上敲打，來使結塊落下。

③使用比重計等工具量測，使各個化妝土原料的濃度都一致。以比重度60左右為基準。

化妝土樣本的試片

這次的色樣試片有加上梳齒痕加工。這是為了要透過梳齒痕的凹凸起伏，來觀察生化妝土的變化。此外，為了要看出厚塗施釉時的變化，會先塗上一次化妝土後，待其半乾燥再將下半部進行雙層施塗。

製作色樣試片。將紙型放在厚度1cm的黏土板上，沿著外圍切割後取下黏土片，在化妝土的預計施塗位置劃出參考線以及梳齒痕。此外，待其半乾燥後，在背面寫下化妝土的名稱以及燒成方法。孔洞的部分則是為了後續要展示時，方便吊掛而預先做的準備。

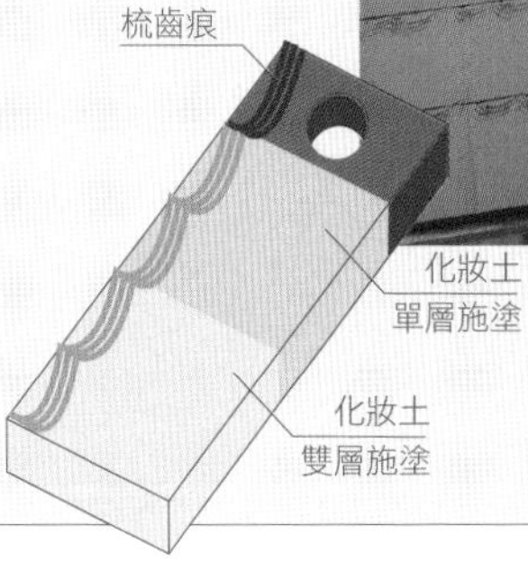

第九章

以科學角度理解釉藥調合

雖然在各章已經針對釉藥調合的基本知識做過解說，但在本章除了作為複習之外，也讓我們再一次重新了解各項原料所發揮的作用。將原料的作用整理清楚，可以幫助我們以科學的角度來理解釉藥的調合。

調合基礎釉的3種不同功能

①氧化矽
矽酸成分多，是一種如同玻璃成分的原料，也是釉藥的中心成分

②鹼
功效為熔化作用。依種類不同，熔化方式及釉調也會有所差異

③氧化鋁
讓釉藥呈現黏性，增加與素坯的搭配性

以福島長石（玻璃成分）為中心，製作基礎釉

用來製作基礎釉的原料，依照功能可以區分為三種類。其中尤其發揮核心作用的是可以視為玻璃成分的「福島長石」。福島長石屬於「氧化矽（矽酸成分）」類的原料。

不過，如果單獨使用福島長石的話，會有點太硬，為了要讓其更容易熔化，會添加「合成土灰」或「天然松木灰」等原料。而這種發揮熔化作用的原料稱為「鹼類」。

此外，還可以再添加讓釉藥產生黏稠感，增進與素坯的搭配性，具備與黏土相近性質的「高嶺土」或「天草長石」。像這種透過黏性來發揮連接作用的原料稱為「氧化鋁」類。

本書主要以玻璃成分的「福島長石」為中心，添加其他原料來幫助熔化或是連接，製作成基礎釉。

以著色劑來為釉藥上色

要想在釉藥加上顏色，需要添加一種被稱為著色金屬的著色劑。其中添加以鐵分為主成分的原料的釉藥稱為「鐵釉」。鐵釉的種類很多，有青瓷釉、黃瀨戶釉、飴釉、蕎麥釉及黑釉等等。

此外，藍色系的著色劑是添加「氧化鈷」；綠色系的著色劑則是添加「氧化銅」。而「矽酸鋯」是要讓釉藥變成白色時添加使用。

以結晶劑來使釉調產生變化

結晶劑添加後，會在釉藥中形成結晶，變化成獨特的釉調。主要為無光系釉藥的調合方法。

除了讓白色或淺黃色形成白濁的「氧化鈦」或「金紅石」之外，熔化作用功效的「鹼」類「碳酸鎂」也兼具結晶作用。此外，同樣為鹼類的「碳酸鋇」，則是具備在釉中製造氣泡的特質。

本書使用的22種原料的功能

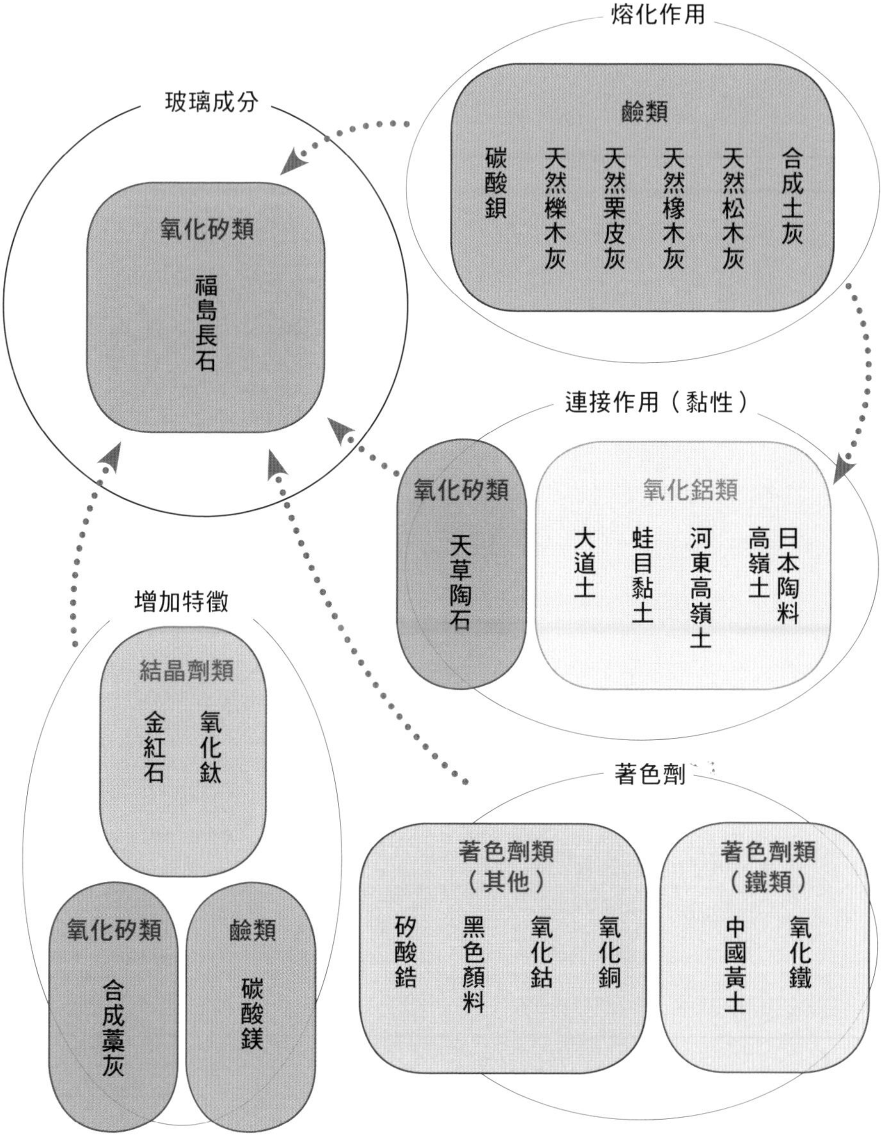

熔化作用
鹼類
碳酸鋇
天然櫟木灰
天然栗皮灰
天然橡木灰
天然松木灰
合成土灰
玻璃成分
氧化矽類
福島長石
連接作用（黏性）
氧化矽類
天草陶石
氧化鋁類
大道土
蛙目黏土
河東高嶺土
高嶺土
日本陶料
增加特徵
結晶劑類
金紅石
氧化鈦
氧化矽類
合成藁灰
鹼類
碳酸鎂
著色劑
著色劑類（其他）
矽酸鋯
黑色顏料
氧化鈷
氧化銅
著色劑類（鐵類）
中國黃土
氧化鐵

稍微有點困難的「塞格式」

「塞格式」是一種將原本無法置換成數字的釉藥熔化方式，盡可能透過化學符號與計算公式來理解的方法。即使不去進行實際燒成，也能夠估算出大略的熔化狀態，是一個非常好用的計算公式。對於不擅長科學的人來說，或許塞格式看起來是一種難以理解的化學符號與計算公式。然而一旦理解塞格式，對於釉藥的理解就能夠更加深入。

什麼是塞格式？

將原料的成分置換成莫耳數來計算

「塞格式」是透過釉藥的三種成分「鹼」、「氧化鋁」、「氧化矽」彼此之間的關係來預測熔化方式的公式。因為是由德國科學家塞格所發明而得名。

釉藥所使用的各種原料是由大約3～11種的成分搭配而成。各原料的成分與其他原料會有很多共通的部分的關係，相同成分會合併起來計算。

塞格式的困難之處，是在於並非計算諸如此類各種成分的重量，而是必需要去推算出各成分的莫耳數。這是因為燒成造成的釉藥變化，是由原子數所引起的。

將各成分的莫耳數套用進塞格式

運用塞格式，要先將各成分的莫耳數區分為「鹼」、「氧化鋁」、「氧化矽」後，先將「鹼」類原料的莫耳數合計，將此數值當作1，然後再依照相同的比例使「氧化矽」、「氧化鋁」的莫耳數與此數值呈同比例增減。

此時的「氧化鋁」、「氧化矽」數值可以套用進「確認熔化方式的相關圖」縱軸及橫軸，對熔化方式進行預測（細節請參考第74頁）。

反過來說，也可以由塞格式來反推出符合數值的原料，但因為會讓計算變得過於複雜，容易造成混淆，這裡先略過不提。

化學用語解說

【元素】構成物質，且無法再進一步分解的形態。目前已發現約110種類的元素。在釉藥調合中，會發揮作用的大致為其中的20餘種元素。

【原子】構成各元素的基本粒子。

【原子量】構成各元素的基本粒子的數量。

【莫耳數】各元素的「1莫耳」即為原子量加上「公克」後的重量（分子量）。

【分子量】將各元素的原子量加上公克後的數值。這個重量即為該元素的1莫耳。

化合物的「1莫耳」是各原子量的總和加上公克後的重量（式量）。

【式量】將構成化合物的各原子量總和加上公克後即為式量，這個重量就是該化合物的1莫耳。

透過塞格式「可以掌握的事情」以及「無法掌握的事情」

可以掌握大致的熔化狀態

像是「熔化成透明狀」、「熔化方式不穩定」、「無法熔化」、「變成乳濁」、「變成無光」等等，不需要去實際調合原料、燒成，也能夠預測出大致的熔化方式。也就是說，可以省略無謂的測試，更快地找出符合目的的釉藥。

無法掌握色調及詳細的釉調

塞格式也有許多無法掌握的項目。

比方說，釉藥的色調即是著色金屬所造成的色調，以及氧化燒成、還原燒成形成的變化，無法藉由塞格式事先確認。

此外，原料的成分資料充其量只能當作參考，與實際上使用的原料會有誤差。細節的白濁狀態及無光感、熔化狀態，還是得實際燒成過後才能得知。

雖然只要熟練了釉藥的調合作業，經驗增加後，就算只看原料的調合比例，也能想像得到大致的熔化方式。但若能有效活用塞格式，即便是初學者都可以預測出具體的熔化方式。

可以使用電腦軟體簡單計算

計算塞格式的時候，雖然也可以使用計算機來計算，但因為公式相當複雜，即花費時間，也容易產生計算錯誤。如果是擅於使用電腦的人，可以使用Excel軟體來設定計算公式，即可輕易的完成計算。

此外，市面上也有銷售方便好用的釉藥調合計算軟體，若能有效活用也不錯。

元素周期表

周期＼族	1	2	3	4	5	6	7	8	9	10	11	12	13	14	15	16	17	18
1	1 H 氫																	2 He 氦 4.0
2	3 Li 鋰 6.9	4 Be 鈹 9.0											5 B 硼 10.8	6 C 碳 12.0	7 N 氮 14.0	8 O 氧 16.0	9 F 氟 19.0	10 Ne 氖 20.2
3	11 Na 鈉 23.0	12 Mg 鎂 24.3											13 Al 鋁 27.0	14 Si 矽 28.1	15 P 磷 31.0	16 S 硫 32.1	17 Cl 氯 35.5	18 Ar 氬 39.9
4	19 K 鉀 39.1	20 Ca 鈣 40.1	21 Sc 鈧 45.0	22 Ti 鈦 47.9	23 V 釩 50.9	24 Cr 鉻 52.0	25 Mn 錳 54.9	26 Fe 鐵 55.8	27 Co 鈷 58.9	28 Ni 鎳 58.7	29 Cu 銅 63.5	30 Zn 鋅 65.4	31 Ga 鎵 69.7	32 Ge 鍺 72.6	33 As 砷 74.9	34 Se 硒 79.0	35 Br 溴 79.9	36 Kr 氪 83.8
5	37 Rb 銣 85.5	38 Sr 鍶 87.6	39 Y 釔 88.9	40 Zr 鋯 91.2	41 Nb 鈮 92.9	42 Mo 鉬 95.9	43 Tc 鎝 (98)	44 Ru 釕 101.1	45 Rh 銠 102.9	46 Pd 鈀 107.9	47 Ag 銀 107.9	48 Cd 鎘 112.4	49 In 銦 114.8	50 Sn 錫 118.7	51 Sb 銻 121.8	52 Te 碲 127.6	53 I 碘 126.9	54 Xe 氙 131.3
6	55 Cs 銫 132.9	56 Ba 鋇 137.3	57-71 La-Lu 鑭系	72 Hf 鉿 178.5	73 Ta 鉭 180.9	74 W 鎢 183.9	75 Re 錸 186.2	76 Os 鋨 190.2	77 Ir 銥 192.2	78 Pt 鉑 195.1	79 Au 金 197.0	80 Hg 汞 200.6	81 Tl 鉈 204.4	82 Pb 鉛 207.2	83 Bi 鉍 209.0	84 Po 釙 (209)	85 At 砈 (210)	86 Rn 氡 (222)
7	87 Fr 鍅 (223)	88 Ra 鐳 (226)	89-103 Ac-Lr 錒系															

元素符號 元素 / 元素符號 / 原子量

玻璃 / 熔化作用 / 黏著作用 / 著色劑 / 結晶劑

塞格式所需要的三項資料

塞計算格式的時候，需要先準備原料的成分表等資料。
在此就讓我們一邊比對本書所使用的主要原料的資料，一邊進行解說。

①主要的釉藥原料成分表

原料／成分	福島長石	合成藁灰	合成土灰	碳酸鎂	碳酸鋇	高嶺土	天草陶石
SiO_2（氧化矽）	67.78%	81.46%	17.51%	1.79%		45.57%	78.93%
AL_2O（氧化鋁）	17.33%	6.52%	2.7%	0.56%		38.96%	14.7%
CaO（氧化鈣）鹼類	0.62%	2.83%	35.84%	0.39%		0.95%	0.05%
MgO（氧化鎂）鹼類	0.03%	1.10%	6.17%	45.79		0.33%	0.03%
K_2O（氧化鉀）鹼類	9.5%	1.65%	0.15%			0.26%	2.9%
Na_2O（氧化鈉）鹼類	3.51%	1.70%	0.02%			0.46%	0.06
BaO（氧化鋇）鹼類					76.69%		
P_2O_5（五氧化二磷）		2.69%	2.69%				

※有些成份會因為受熱而散失，因此成分的合計不會是100%。

②各成分的分子量（式量）

※1莫耳時的各成分重量

	分子量（式量）
SiO_2（氧化矽）	60.09
AL_2O（氧化鋁）	101.96
CaO（氧化鈣）鹼類	56.08
MgO（氧化鎂）鹼類	40.31
K_2O（氧化鉀）鹼類	94.20
Na_2O（氧化鈉）鹼類	61.98
BaO（氧化鋇）鹼類	153.3

③為了確認熔化方式的氧化鋁與氧化矽相關圖

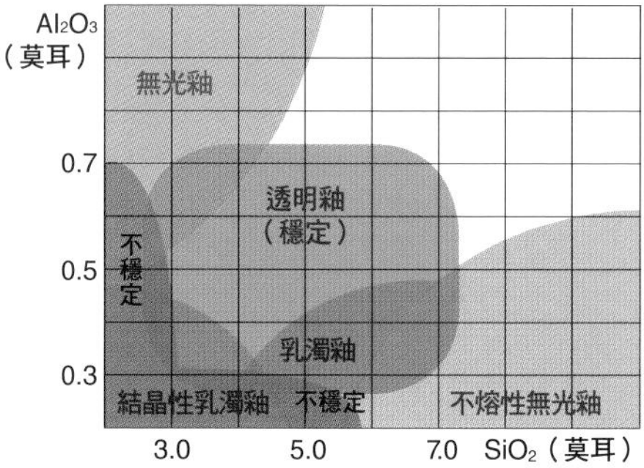

使用塞格式，由調合表預測釉藥熔化作用的方式

1 與「①釉藥原料的成分表」相互對照，將原料依成分來作區分

各原料的成分中有很多是相同的成分。參考「①釉藥原料的成分表」，依成分進行區分、然後再將各成分合計。不過像「氧化鐵」屬於著色劑，與基礎釉關連性不高，因此可以除外。另外，各原料除了下述成分以外，還含有微量的其他成分，但這些成分因為與塞格式無關，所以也將其省略。

調合範例「青瓷釉」

- ■ 福島長石 ………………… 80
- ■ 合成土灰 ………………… 20
- ■ 高嶺土 ………………… 10
- ■ 氧化鐵 ………………… 2

※由於氧化鐵屬於著色劑，因此不包含在塞格式內。

成分＼原料	福島長石 80g	合成土灰 20g	高嶺土 10g	合計
SiO_2（氧化矽）	80g×67.78%=54.22g	20g×17.51%=3.5g	45.57%=4.56g	62.28g
AL_2O（氧化鋁）	80g×17.33%=13.86g	20g×2.7%=0.54g	38.96%=3.9g	18.3g
CaO（氧化鈣）	80g×0.62%=0.5g	20g×35.84%=7.17g	0.95%=0.1g	7.77g
MgO（氧化鎂）鹼類	80g×0.03%=0.02g	20g×6.17%=1.23g	0.33%=0.03g	1.25g
K_2O（氧化鉀）鹼類	80g×9.5%=7.6g	20g×0.15%=0.03g	0.26%=0.03g	7.66g
Na_2O（氧化鈉）鹼類	80g×3.51%=2.8g	20g×0.02%=0g	0.46%=0.05g	2.85g
BaO（氧化鋇）鹼類	0	0	0	0

※在此是將原料依比例置換成公克數來計算。
※小數點以下2位四捨五入。

2 計算出各成分的莫耳數

將整合在一起的各成分莫耳數計算出來。只要參考「②各成分的分子量」，除以各成分的重量，就能求出莫耳數。

成分	計算公式（重量÷分子量）	莫耳數
SiO_2（氧化矽）	62.28g÷60.09	**1.04莫耳**
AL_2O（氧化鋁）	18.3g÷101.96	**0.18莫耳**
CaO（氧化鈣）鹼類	7.77g÷56.08	**0.14莫耳**
MgO（氧化鎂）鹼類	1.25g÷40.31	**0.03莫耳**
K_2O（氧化鉀）鹼類	7.66g÷94.20	**0.08莫耳**
Na_2O（氧化鈉）鹼類	2.85g÷61.98	**0.05莫耳**
BaO（氧化鋇）鹼類	0g÷153.3	**0莫耳**

※小數點以下2位四捨五入。

3 將各莫耳數依類別進行區分

將計算出來的各成分莫耳數，依照「鹼」、「氧化鋁」、「氧化矽」的類別進行區分。接下來，增加鹼類的莫耳數，直到合計數值成為1。再將其他成分（鹼與氧化矽）的數值配合等比例增加。

鹼	氧化鋁	氧化矽
0.14 CaO（氧化鈣） 0.03 MgO（氧化鎂） 0.08 K2O（氧化鉀） 0.05 Na2O（氧化鈉）	**0.18** Al_2O_3	**1.04** SiO_2
鹼的合計= **0.3**		

先將鹼的成分合計數量（0.3）除以各成分，再將數值調整成鹼的成分合計數量等於1。

鹼	氧化鋁	氧化矽
0.14÷0.3＝0.47 CaO（氧化鈣） 0.03÷0.3＝0.1 MgO（氧化鎂） 0.08÷0.3＝0.27 K2O（氧化鉀） 0.05÷0.3＝0.16 Na2O（氧化鈉）	0.18÷0.3=**0.6** Al_2O_3	1.04÷0.3=**3.5** SiO_2
鹼的合計數量= **1**		

※小數點以下2位四捨五入。

4 依據「氧化鋁與氧化矽的相關圖」來確認熔化方式

將氧化矽與氧化鋁的數值分別設定為「③為了確認熔化方式的氧化鋁與氧化矽相關圖」縱軸與橫軸，確認熔化方式。

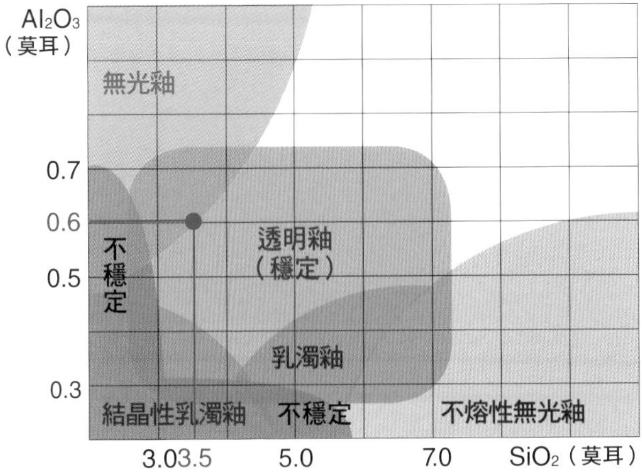

由上圖可知，雖然具有透明感，而且穩定，但氧化鋁分稍微多了點，預測可能會有呈現出無光質感的傾向。

塞格式的相關圖與實際的釉藥

讓我們看一下實際的釉藥與其塞格式的相關圖。舉例來說，我們可以得知像「藁白釉」這種一般的釉藥調合，很輕易就能預測出結果。但是像極端不易熔化的「不熔性無光釉」這類釉藥，就很難加以預測了。

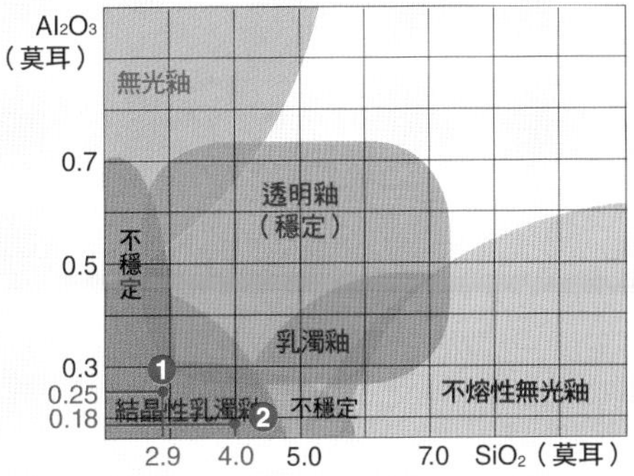

❶ 白釉	合成藁灰 40 福島長石 30 合成土灰 30

鹼1・氧化鋁0.25・氧化矽2.9

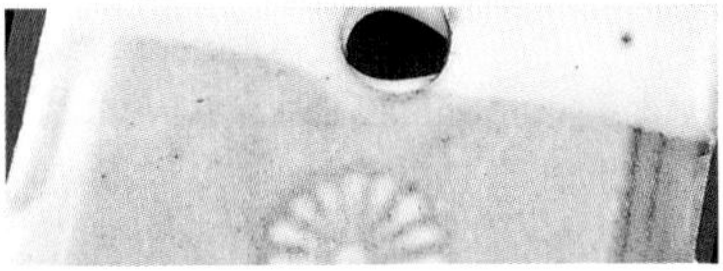

釉藥中殘留的合成藁灰白色細微顆粒，造成外觀的白濁。呈現出輕盈柔和的釉調特徵。

❷ 不熔性無光釉	合成藁灰 70 碳酸鋇 30

鹼1・氧化鋁0.25・氧化矽4.0

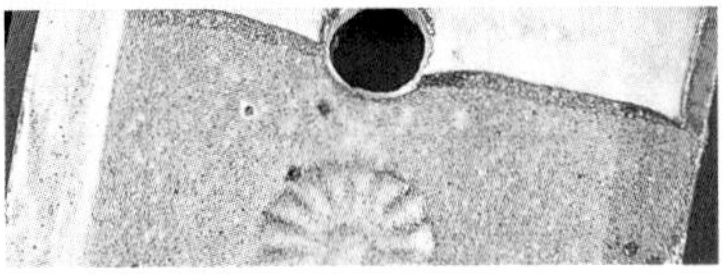

因為是以矽酸成分較多，熔點也高的合成藁灰為主成分，呈現出沒有完全熔化，表面粗糙的釉調。

22種釉藥原料一覽表

本書所使用的釉藥原料，每一種都是常見的一般原料。不過因為大部分是天然礦物的關係，視採掘的場所及時期不同，而會呈現出性質上的差異。

原料的狀態	原料的特徵	原料名	
	這是以氧化矽為主成分，類似玻璃成分的原料。熔融溫度較高，而且沒有什麼黏性。視採掘的場所不同，而會各自呈現出性質上的差異。依照所含鹼分的比例，大致可以區分為「鉀長石」和「鈉長石」，而本書所使用的是具代表性的鈉長石．福島長石。	福島長石	氧化矽類（玻璃成分）
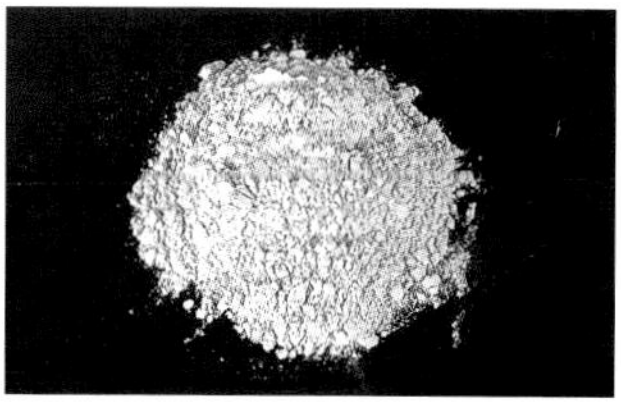	這是將藁灰以人工方式合成的原料。矽酸分（氧化矽）佔七成以上，成分近似長石，但鹼分比長石少，而且具有不易熔化的性質。無法完全熔化的矽酸分會殘留在釉藥中形成白色顆粒，呈現白濁外觀。與天然的藁灰相較之下，合成藁灰的特徵是顆粒較均勻，而且雜質也較少。	合成藁灰	氧化矽類（玻璃成分）
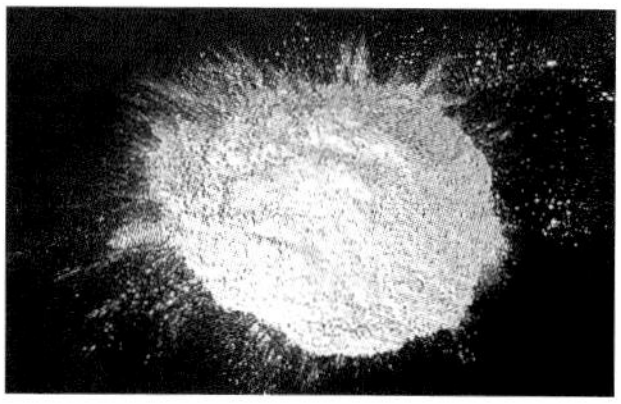	同時具有氧化矽（矽酸分）與氧化鋁雙方特徵的原料，主要的用途是瓷土的原料。和高嶺土的性質類似，但比高嶺土更具玻璃質。本書是利用天草陶石含有的氧化鋁成分來呈現白濁外觀或是無光感。	天草陶石	氧化矽類（玻璃成分）
	這是將土灰（雜木灰）的成分以人工方式合成的原料。但為了要能夠自由增減釉藥中整體鐵分的比例，因此合成土灰刻意降低了鐵分含量。主成分是鈣質，屬於鹼類原料，在釉藥調合的作用是原料更容易熔化。	合成土灰	鹼類（熔化作用）
	這是將松木燒成灰後精製而成的原料。主成分是鈣質，屬於鹼類原料，在釉藥調合中的作用是使原料更容易熔化。天然的松木因為含有鎂、磷酸、鐵分等雜質成分的關係，會產生獨特的結晶，可以讓釉藥增添色調。	天然松木灰	鹼類（熔化作用）

鹼類（熔化作用）

原料名	原料的特徵	原料的狀態
天然橡木灰	與「松木灰」並列最常使用的天然灰原料之一。主成分是鈣質，屬於鹼類，在釉藥調合中，是以幫助原料熔化為目的。雜質成分較松木灰少，因此呈現出清澈的釉調。	
天然栗皮灰	這是將栗木樹皮燃燒後的灰。主成分是鈣質，屬於鹼類，在釉藥調合中，是以幫助原料熔化為目的。鐵分及雜質成分較少，特徵是灰的顏色呈現淺黃色而且柔和。釉調清爽，色調較淺。	
天然櫟木灰	櫟木灰因為含有非常多的灰汁（鹼分），所以精製相當耗費時間。本書所使用的櫟木灰是沒有經過充分精製的產品，外表看起來比較粗糙，而且留有黑色顆粒。在本書所使用的4種原料灰中，櫟木灰的雜質成分最多，因此釉調的變化也最複雜。	
碳酸鋇	屬於鹼類原料。溶解力強，而且可以同時增加釉藥的黏性，具有減少冰裂的效果。添加比例增加的話，容易產生細微氣泡。這些氣泡會造成複雜的光線反射，可以賦予白濁釉及青瓷等色調的深度。	
菱鎂礦（碳酸鎂）	這是主成分為碳酸鎂的鹼類原料，不過因為是很容易產生結晶作用的原料，與其說是為了熔化作用的功效，更主要是為了使外觀變得乳濁，或是呈現釉藥表面的無光狀而使用的添加劑。此外，也有防止貫入的效果。	

原料的狀態	原料的特徵	原料名	
	日本陶料製的高嶺土是以朝鮮高嶺土作為基底材料。高嶺土的主成分是氧化鋁，性質接近黏土的原料，調合成釉藥時，可以增加釉藥的黏性，具有幫助改善與素坏之間搭配性的效果。此外，也用作白化妝的原料使用。	日本陶料高嶺土	氧化鋁類（連接作用）
	高嶺土會因為產出的場所不同而有特徵上的差異。所謂「河東」，指的是韓國的地名，不過現在幾乎已經沒有天然原料，主要流通的都是人工調合的產品。若將其作為白化妝土，進行粉吹等處理時，會呈現出稍微帶有藍色感的白色。	河東高嶺土	氧化鋁類（連接作用）
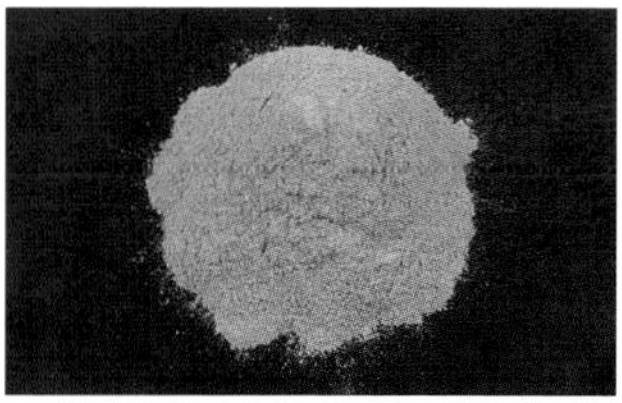	這是在日本各地都有產出的黏土。屬於長石風化後的高嶺土類，但因為含有鐵分等雜質成分，以及細微的矽石粒，質感略帶粗糙。名稱的由來是矽石粒受到雨水濕潤後，閃耀發光的樣子看起來很像青蛙的眼睛而得名。	蛙目黏土	氧化鋁類（連接作用）
	這是使用於萩燒的代表性黏土之一。土中含有細微砂粒及鐵分，外觀呈現淺琵琶色。質細而輕的土味，相當受到歡迎。本書是將練土過後的黏土溶於水中，作為化妝土的原料使用。	大道土	氧化鋁類（連接作用）
	氧化鈦是一種強力而且穩定的結晶劑。只要在基礎釉添加10％左右，就能呈現出白濁外觀，並且產生可發出珍珠般光輝的獨特結晶。釉藥表面為消光狀，強烈的無光感即為其特徵。	氧化鈦	結晶劑類（呈現出個性）
	金紅石是一種含有鐵分的天然鈦礦物質，經過精製處理後即成為金紅石原料。與氧化鈦相同，金紅石也是一種可以產生強力而且穩定結晶作用的原料。受到鐵分的影響，色調微帶黃色，調合成蕎麥釉時，用來呈現白色斑點外觀。	金紅石	結晶劑類（呈現出個性）

著色劑類（加上顏色）

原料名	原料的特徵	原料的狀態
弁柄（氧化鐵）	主成分為氧化鐵的原料。是最具代表性的鐵系原料，在釉藥調合中作為著色劑使用。像這樣可以在釉藥加上顏色的金屬原料統稱為「著色金屬」。此外，還可以當作鐵繪的釉下彩顏料使用。	
中國黃土	產自中國，含鐵分多的天然黏土。除了鐵分之外，也含有氧化鋁分。大量添加在釉藥中時，為了防止發生捲釉，可以先透過素燒來調節收縮率。此外，也可以當作化粧土或顏料使用。	
氧化鈷	自古以來就被當作藍色系釉藥的著色劑使用。只要些微的添加量就能發色，是一種非常穩定的著色金屬。還原燒成時的藍色調發色較佳。作為青花瓷的釉下彩顏料使用的「吳須」，就是以這個氧化鈷為主成分。原料中另外還含有錳、銅、鐵等成分。	
氧化銅	依照不同的調合及燒成方法，可以發色成藍色、綠色、黑色、紫色及紅色等，變化成各種不同顏色的著色金屬。然而，氧化銅同時也有會在燒成中蒸散的性質，容易導致發色不穩定。通常在氧化燒成時，呈現藍色～綠色；而在還原燒成時，發色為紫色～紅色。	
矽酸鋯	最為強力的乳濁劑之一。因為很難與其他原料起反應的關係，即使只有些微的添加量，也能得到穩定的白色。但由於發色過於平均不易呈現濃淡變化，如果添加過多的話，看起來會像是油漆般的色調，也容易發生缺釉的現象。	
黑色顏料	顏料是將以釉藥為媒體的著色金屬熔化、發色後，再次粉碎成細粉的狀態。因為在化學上已經呈現穩定的狀態，即使混入釉藥中，顏色也不易發生變化。黑色顏料是由鐵分、錳、鈷等著色金屬製作而成。	

釉藥調合一覽表

以石灰釉為基礎釉的調合一覽表（第7頁）

釉藥名／原料	土灰釉〔1〕	無光白釉〔1〕	無光高嶺土釉〔1〕	鈦結晶釉	金紅石結晶釉
三號釉（石灰透明）	100	100	100	100	100
天然松木灰	40				
碳酸鎂		15			
氧化鈦				10	
金紅石					10
高嶺土			15		

以石灰釉為基底的色釉調合一覽表（第13頁）

釉藥名／原料	黃瀨戸釉〔1〕	青瓷釉〔1〕	飴釉〔1〕	蕎麥釉〔1〕	黑釉〔1〕	無光黑釉〔1〕	瑠璃釉〔1〕	織部釉〔1〕
三號釉（石灰透明）	100	100	100	100	100	100	100	100
天然松木灰	40							40
碳酸鎂				5		20		
碳酸鋇		20						
氧化鐵		2	7	7	10	10		
中國黃土	10							
氧化鈷							1	
氧化銅								7

色釉的調合一覽表（第41頁）

釉藥名／原料	瑠璃釉〔2〕	無光青釉	禾目青釉	青玻璃釉	織部釉〔2〕	無光綠釉	禾目綠釉	綠玻璃釉
合成　灰			40				40	
福島長石	70	60	30	30	70	60	30	30
合成土灰	30	15	30		30	15	30	
天然松木灰				70				70
碳酸鎂		15				15		
高嶺土		10				10		
氧化鈷	0.3	0.3	0.3	0.3				
氧化銅					7	7	7	7

基礎釉的調合一覽表（第21頁）

原料＼釉藥名	透明釉	長石釉	土灰釉〔2〕	無光高嶺土釉〔2〕	玻璃釉
福島長石	65	80	70	10	30
合成土灰	25	10		50	
天然松木灰			30		70
高嶺土	10	10		40	

白色釉的調合一覽表（第27頁）

原料＼釉藥名	無光白釉〔2〕	白濁釉	鋯白釉	長石白釉	白釉
合成藁灰					40
福島長石	60	50	70	80	30
合成土灰	15				30
碳酸鋇		15	20		
碳酸鎂	15				
天草陶石	10	35		20	
矽酸鋯			10		

鐵釉的調合一覽表（第33頁）

原料＼釉藥名	黃瀨戶釉〔2〕	青瓷釉〔2〕	飴釉〔2〕	蕎麥釉〔2〕	黑釉〔2〕	無光黑釉〔2〕	紅長石釉	伊羅保釉	禾目蕎麥釉
福島長石	60	50	70	70	70	60	80	10	60
合成土灰						15			15
天然松木灰	40		30	30	30			50	
碳酸鋇		20							
碳酸鎂				5		15			15
高嶺土		30				10		40	10
天草陶石							20		
氧化鐵		2	7	7	10	10	0.8		7
中國黃土	10								
金紅石									5
黑顏料						3			

※製作釉藥時使用的篩網皆為60目

施釉前的準備，以及符合器物形狀及目的之施釉方式

乍看之好像很簡單的「施釉」作業，實際上是不到燒成完成為止，不知道結果如何的困難工程。依照釉藥的種類與器物的形狀、以及燒成完成後狀態的目的不同，而會有不同的最恰當的釉藥濃度及施釉方法。

施釉的順序

① 研磨素坯 用水擦拭

使用砂紙（布）來將刨刀痕跡修飾平滑。素坯上的灰塵及粉末，以海綿沾水擦拭。

② 塗布撥水劑

在高台及板皿的底面等，會接觸到窯中棚板的面塗上撥水劑，使其無法吸附釉藥。

施釉的注意點

重要的不是釉藥的濃度，而是釉藥的厚度

依照釉藥的種類，以及燒成結果的目的不同，而會有不同的釉藥最佳濃度。

然而，不同的施釉方法與浸泡在釉藥中的時間，會讓素坯吸附釉藥的厚度會有所變。最重要的不是釉藥的濃度，而是在素坯上定著的釉藥厚度。

最好的確認方法，就是試片施釉。先以實際的施釉方法，在素燒的缺片上施釉，然後再刮挖釉藥，確認厚度。此外，比重計的數值雖然可以推測出釉藥的濃度，但有時候濃施釉的釉藥會因為原料粒子的阻抗力而導致無法正確計量。

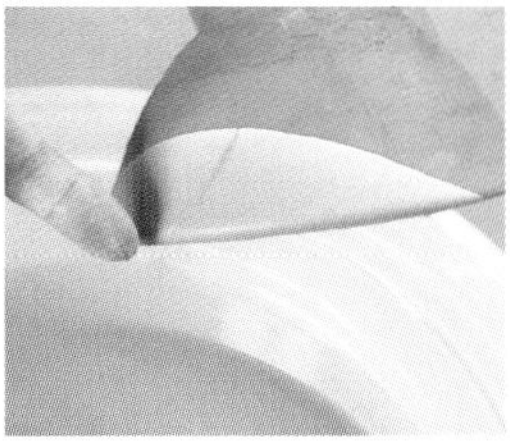

刮挖釉藥層確認

先以實際施釉的方法施釉，然後再馬上刮挖釉藥層來確認斷面的厚度。

以比重計確認

使用較深的容器來量測。緩緩地插入比重計，當感受到釉藥的阻抗力的時候，就將手放開。

③ 溶化釉藥 調整濃度

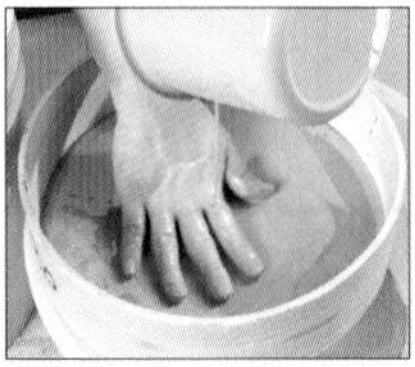

溶化釉藥，通過篩網，將結塊取出。然後再以比重計量測，或是以素燒的缺片來試施釉，進行濃度的調整。

④ 施釉

考慮作品的種類及大小，決定施釉的方式。將釉藥移至適當的容器，進行施釉。

⑤ 修整

在指痕處補施釉藥，或是將垂釉削磨修整。此外，如果發現有細微孔洞，也可以擦抹修飾。

濃度也會因為施釉方法而有所變化

浸泡施釉與柄杓澆淋施釉這兩種方法相較之下，浸泡施釉的濃度會比較濃。依照釉藥的種類不同，即使微妙的濃度也會造成燒成結果很大的變化，盡可能以實際施釉的方法，先進行試施釉，才能確保釉藥的厚度正確。

浸泡施釉時，試施釉也要浸泡同樣的時間，然後再確認厚度。

柄杓澆淋施釉時，釉藥厚度會比浸泡施釉略薄。

將沈澱變硬的釉藥再次溶化的方法

釉藥中如果含有較多比重較重原料，會因為原料沈澱而變硬。如果就這樣只取上層釉藥去溶化調合的話，調合比例就會出現偏差，影響燒成結果。

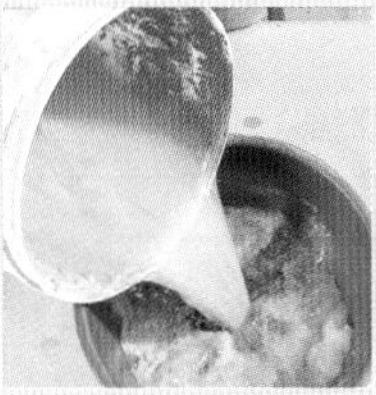

① 將上層水全部倒至另一容器，讓釉藥自水壓中釋放出來。

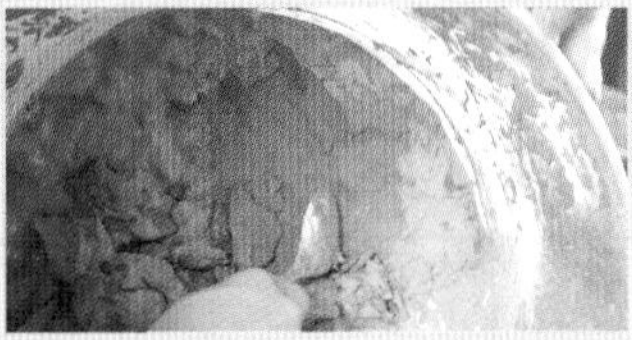

② 使用湯匙等工具，將堆積在底部的釉藥挖出來。一邊弄鬆釉藥，一邊倒回一部分的上層水。當弄鬆到一定程度後，使用攪拌機進行混拌。

釉藥的施釉方法

配合作品的大小、釉藥的種類及數量、裝飾性的設計等，選擇適合的施釉方法。

這裡介紹的不同種類施釉方法各有其優缺點。因此要搭配釉藥的特性及作品來區分使用。

① 用手直接浸入釉中施釉（浸泡施釉）

這是將器物整體浸泡至釉藥中的施釉方法。依照器物的形狀不同，可以拿著高台或口緣部分來施釉。雖然需要能夠將作品整體浸泡其中的釉藥量，但相對能夠施釉得較為平均。不過因為會留下指痕的關係，施釉後需要另外進行修整。

用手指抓住高台，朝向上方傾斜浸入釉藥中。注意內側不要積存空氣。

將口緣朝向下方，緩緩將器物自釉藥中拉起。等釉藥乾後，再行修整痕跡與垂釉。

② 使用浸釉夾進行施釉

以浸釉夾來施釉，不容易留下爪痕，也不容易產生垂釉，後續的修整作業會更加簡單。不過，有些器物的形狀不方便夾取，而且素坏如果太薄的話，還有可能會夾出孔洞。基本上同樣屬於浸泡施釉，因此需要較多的釉藥量。

以浸釉夾將高台附近素坯較厚的部分夾住後浸泡至釉藥中。爪痕等釉藥乾燥後，再以手指按抹埋平。

③使用柄杓進行施釉

使用陶藝專用的柄杓澆淋施釉。如果是高台可以手持的器物，一邊旋轉一邊區分內側與外側分開施釉。優點是即使釉藥較少也能施釉，作業速度也快，但因為釉藥容易出現塗布不均的關係，建議使用於不易形成不均的釉藥，或是想要將塗布不均的外觀作為裝飾的釉藥。

手持高台，區分內側與外側分別施釉。以柄杓施釉時，會因為釉藥澆淋的速度快慢及塗布不均而產成外觀裝飾性的效果。

④使用吹釉器施釉

將釉藥裝入陶藝專用的吹釉器，以噴吹的方式施釉。當釉藥較少的時候，或是對於大件作品施釉的時候相當方便。作業時請使用紙箱圍在器物四周，以免釉藥飛濺到周圍外側。特徵是可以呈現出獨特漸層效果。

釉藥的施釉狀態，會因為器物的距離與噴吹的力道而有所變化。厚塗施釉時，為了避免釉藥流動，請等表面乾燥後，再重覆進行噴吹。

關於釉藥的 Q & A

這個章節彙集了與釉藥調合和施釉相關的常見問題。
關於釉藥的調合的問題，因為原料及調合等條件各不相同的關係，往往並非單一種的解決方法可以適用所有狀況。請各位將這裡提供的解答視為找出解決方法的提示之一，當作參考即可。

Q01 釉藥的光澤太過度時的調整方法？

A 釉藥表面的光澤太過度的時候，釉調不夠沈穩的時候，可以添加含有氧化鋁成分的「高嶺土」或「天草陶石」，來增加失透感，抑制光澤的程度。此外還有減少鹼類原料，使釉藥稍微變得較難熔化的調整方法，以及添加「碳酸鎂」或「氧化鈦」等結晶劑的調整方法。另外，將合成灰類改為天然灰原料，有時也會因為天然灰所含有的雜質成分影響，達到抑制光澤的效果。

不論何種方法，都可以先以5%為一單位，一邊進行原料的增減，一邊進行測試。

在石灰透明釉中添加10%碳酸鎂的無光白釉（黃陶・還原燒成）。釉表面呈現消光的狀態（參考第11頁）。

Q 02 釉藥的無光感過於強烈，是否有調整方法？

A 視無光感形成的原因，而有不同的處理方法。之所以會呈現無光感，主要是「釉藥不熔化」、「產生過多的結晶」、「氧化鋁成分太多」這3種因素造成。釉藥不熔化的場合，可以增口鹼類原料。此時為了配合不同的釉調，需要選擇不同的鹼類原料，最保險的做法就是添加「合成土灰」。如果希望釉調產生變化的話，則添加天然灰也是一個好方法。

若是產生過多結晶的場合，則要減少「碳酸鎂」或「氧化鈦」這類形成結晶原因的原料。此外，使用藁灰的白濁釉可以減少「合成藁灰」或「天然藁灰」的比例，或是試著增加鹼類原料。

釉調偏硬而且呈現黏土質的場合，請試著減少「高嶺土」等氧化鋁系的原料。

各種原料都請先以5%為一單位，一邊進行原料的增減，一邊進行測試。

Q 03 是否有可以減少釉藥冰裂的方法？

A 矽酸成分較多的釉藥，因為釉藥沒有黏性的關係，與素坯之間會因為收縮率不同而容易產生細小的裂痕（冰裂）。為了要防止這樣的情形發生，可以添加能夠賦予釉藥黏性的「高嶺土」或「蛙目黏土」、「天草陶石」含有氧化鋁分的原料。

此外，稍微添加鹼類的「碳酸鋇」，也有可以減少冰裂的效果。「碳酸鋇」如果添加過量的話，容易產生氣泡，因此請不要超過10%。

各種原料都請先以5%為一單位，一邊進行原料的增減，一邊進行測試。

添加10%高嶺土的透明釉（黃陶・還原燒成）。厚塗施釉的部分的冰裂也變少了（參考第24頁）。

Q 04 是否有可以調整釉藥色調的方法？

A 要想改變釉藥的色調，可以調節如天然灰這類形成色調的要素的原料，或著是調節著色金屬的添加量。此外，也有可以將原料置換成其他原料的方法。

著色金屬主要為「氧化鐵」、「黃土」、「氧化鈷」或「氧化銅」這幾種原料。透過這些原料的比例增減，雖然可以改變色調，但各原料所造成的效果各異。尤其是「氧化鈷」，只要些微的添加量即可發色，因此添加量的增減也很微妙。

天然灰所含有的鐵分的色調，可以藉由一部分置換為合成灰來減輕。合成灰為了方便調整的關係，已經減少了鐵分等雜質成分的含量。

請注意像黃土這種含有較多氧化鋁分的原料在增減時，釉調會很容易產生變化。

Q 05 是否有釉藥熔化過度時的調整方法？

A 釉藥熔化過度而產生流動時，可以減少鹼類原料，或是增加氧化矽系的原料。

釉藥之所以會熔化過度的主要原因，是由於「合成土灰」、「天然灰」這些鹼類原料過多所致。看是要減少鹼類原料，或是反過來增加玻璃成分的「長石」、「矽石」，就可以提升熔點，使釉藥變得較不容易熔化。

然而，在釉藥當中也有像「玻璃釉」與「織部釉」這類，如果不達到某種程度的熔化狀態，就會減損原本的魅力的釉藥。因此請仔細觀察燒成結果，一點一點進行原料比例的調節。

熔化方式與燒成溫度也有很大的關連性，因此容易熔化的釉藥的作品，只要放在爐內溫度相對較低的位置進行燒成，有時候就能夠解決問題了。

Q 06 是否有改善釉藥不熔化的調整方法？

A 因為「長石」的熔解溫度比起通常的燒成溫度更高，所以要添加鹼類原料來降低熔解溫度。因此，當釉藥不熔化時，可以增加鹼類原料，或是減少氧化矽類原料。

鹼類原料舉例來說有「合成土灰」及「天然灰」等等，種類豐富，各自添加後會呈現出不同的釉調。如果選擇要增加鹼類原料，那就要仔細考量以哪種鹼類助熔，才能夠呈現出自己喜歡的釉調。

此外，調合原料中如果含有較多「高嶺土」或「黃土」等氧化鋁系原料的話，可以預測這些原料就是導致釉藥不熔化的原因。請看是要減少氧化鋁原料？或是增加鹼類原料來幫助釉藥熔化。

Q&A

Q 07 請告訴我釉藥原料的管理方法，以及調合作業中的注意事項。

A 釉藥的原料請盡可能保存在濕氣較少的場所。

釉藥的原料中有像是長石或矽石這種容易吸收濕氣的原料。如果在原料含有濕氣的狀態下，調合時將無法正確的計量（乾燥重量的計算方法，請參考第5頁）。

調合原料的時候，因為會充滿粉塵的關係，請務必配戴口罩。

此外，將原料放入組合式收納櫃分類管理，再陳列在棚架上，會讓調合作業更加順手。

由於釉藥的調合一旦出錯將無法修復，因此請以不容易出錯的順序進行作業。為了要讓發現計量失誤時還有機會補救，請將所有的原料都計量完成後，再行混合。

此外，因為類似的原料有很多，請注意計量後收納多餘原料時不要弄混了。

Q08 請告訴我釉藥濃度的確認方法以及調整方法。

A 釉藥的準備會在即將施釉之前進行。先調製成較濃的釉藥，過篩取出結塊，在素燒的缺片先試施釉，然後再用比重計量測後，調整濃度。

重點在於先調製成較濃的釉藥。如果釉藥變得較稀薄，要想再次分離水分，需要耗費時間待其沈澱，這段等待的時間不得不中斷作業。此外，即使是過篩處理過的釉藥，放置一段時間後會再次結塊，因此希望盡可能在即將施釉之前調製釉藥。

試施釉確認濃度的時候，要以實際施釉的方法進行。因為浸泡施釉的方式與使用柄杓澆淋施釉的方式，吸附在素坏上的釉藥濃度會有所不同。

關於施釉的詳細資訊，請參考第84頁。

Q09 沈澱變硬的釉藥是否有簡單可以混拌的方法？

A 長石與天然灰這類原料因為比重較重的關係，屬於非常容易產生沈澱的原料。釉藥中如果含有較多這類原料的話，就會容易沈澱。其中甚至會有無法藉由簡單攪拌就能恢復的嚴重硬化狀態發生。如果不處理已經沈澱的原料，只有攪拌上層釉藥的話，調合比率就會改變，釉調也會產生變化。

攪拌沈澱變硬的釉藥時，首先要將上層水倒至其他的容器中。等釉藥自水壓解放開來之後，再以湯匙等器具將沈澱物挖起來。一邊用手將變硬的釉藥揉散，再一點一點加水，使用攪拌機混拌。整體混拌完成後，再調節濃度，過篩處理。

如果事先在容器底部放置一條粗塑膠繩，有需要的時候只要將塑膠繩拉出就能簡單地使變硬的釉藥散開。這時候若同樣先將上層水倒空後再作業會更加方便。

Q10 請問「缺釉」的原因與處理對策？

A 所謂的「缺釉」，指的是燒成後釉藥發生捲起或是撥水分離造成素坯露出的現象。

雖然造成這個現象的原因有很多，但如果是因為調合原因造成缺釉的情形，可以推測是「高嶺土」或「蛙目黏土」這類黏土質原料的比例較多，收縮後自素坯表面翹起導致。如果不希望改變調合比例，又想要防止缺釉現象時，可以將一半的原料先經過素燒處理，使收縮率接近素燒素坯即可。

此外，如果不容易熔化附著的「長石」原料過多的話，也可能發生自素坯剝落的現象。此時可以增加鹼類原料進行調整。

另外也有調合以外造成的原因。比方說素坯上帶有粉塵或灰塵的狀態直接施釉，殘留在素坯與釉藥之間的空氣在燒成後造成破裂的情形；以及雙層施釉時，第一次施釉的釉藥吸收後來再次施釉的釉藥中的水分而膨脹起來，導致釉藥自素燒素坯剝落的情形。

Q11 請問氣泡缺陷發生的原因及對策？

A 釉藥表面出現泡狀的「氣泡缺陷」的原因有以下幾種。最多的原因是來自天然灰的灰汁造成。這個灰汁，就是無法溶於水的多餘鹼分。通常應該在水簸等精製過程中去除乾淨，但經常也會出現有殘留的狀態。要想將灰汁去除，需要反覆進行好幾次等待釉藥沈澱、倒出上層水、再補新水攪拌的作業（關於水簸的方法，請參考第58頁）。

如果是在釉藥重覆施釉的部分發生氣泡缺陷的情形，則必須考量其他原因。重覆施釉的二種釉藥熔解溫度可能有較大的差異，在燒成中自釉藥排出的氣體被另一層釉藥封閉在內層，導致殘留下來形成氣泡缺陷。出現這種情形時，建議更改釉藥的組合會比較好。

Q12 一度經過釉燒的作品，是否能再次施釉重新燒成呢？

A 素燒時的施釉因為素坯會吸收水分的關係，釉藥比較容易定著在表面。一度經過釉燒的作品，因為釉藥已經玻璃化的關係，素坯也經過燒成而變得堅實，即使浸泡在釉藥中，也不怎麼會吸收水分，釉藥幾乎無法定著在表面。

如果是無論如何都需要在本燒後再施釉一次的情形，可以在調製成較濃的釉藥中加入一些「CMC」之類的接著劑，混合後以筆刷塗佈，或是使用噴霧器來噴塗施釉。此時為了不讓釉藥垂落，需要以吹風機一邊吹乾，一邊重覆施釉。事先將作品預熱也是一個好方法。然而要塗布得平均沒有色差相當不容易，因此要重燒出符合心中預期的狀態很困難。

此外，重燒之後的釉調也會改變。若將氧化燒成的作品以還原燒成重燒，或是反過來的順序重燒，都會與通常的燒成結果產生差異。

Q13 請問關於素燒用的白化妝土的使用方法。

A 本書所介紹（第59～68頁）的化妝土是生坯用化妝土，也可以調合成能夠使用於素燒的狀態。不過相較於生坯用化妝土，更不容易發生窯變，燒成結果會傾向呈現出乏味的白色調。這是因為相對於生坯用的化妝土屬於黏土質，素燒用的化妝土的調合方法更接近釉藥所致。也可以將素燒用的白化妝土理解為氧化鋁分極多的白色釉藥。

素燒用白化妝土的調合範例

高嶺土	2
三石蠟石	4
天草陶石	4

※「三石蠟石」是類似天草陶石的原料，含有氧化矽與氧化鋁成分。

校審 梁家豪 Jia-haur Liang

2010 於板橋成立個人工作室 Studio 138

● 現職：

國立臺灣藝術大學工藝設計學系副教授（陶藝）

● 學歷：

國立臺灣藝術學院工藝學系 BFA
國立臺灣藝術大學造形藝術研究所碩士 MFA
澳大利亞雪梨大學視覺藝術博士 PhD

● 經歷：

國立臺灣藝術大學 IAC 陶響世代：台灣當代陶藝探索策展人
如斯初心、臥龍浮州：進化中的台灣當代工藝展策展人
Stunning Edge 亞洲當代陶藝展策展人
國立臺灣藝術大學設計學院砥礪 60 校友展工藝類策展人
聯合國國際陶藝學會會員 International Academy of Ceramics
全國大學美術術科考試委員
國立臺灣藝術大學開放式課程磨課師 MOOCs
國立臺灣藝術大學優良職涯教師
國立臺灣藝術大學教學卓越績優教師
芬蘭國際陶藝中心 Arctic Ceramics Center 駐村創作
中國景德鎮亞歐美陶藝中心 JAEA 駐村創作
韓國金海陶瓷博物館 Clayarch Gimhae Museum 駐場創作
國立臺灣師範大學美術系兼任副教授
國立東華大學藝術創意產業學系兼任助理教授
國立臺灣藝術大學師培中心合聘專任助理教授

● 評審：

台灣工藝競賽評審、新竹美展評審、苗栗陶藝獎評審、文化部獎助參與文化創意類國際性展賽評審、臺灣工藝研究發展中心工藝媒合產業評審、鶯歌陶瓷博物館陶瓷新品獎評審、三鶯藝術村進駐評審、鶯歌陶瓷博物館國際駐村申請評審、工研院陶藝職能基準品質認證評審、鶯歌燒認證評審、鶯歌陶博館國際茶席美學大賽評審、法藍瓷國際陶瓷設計獎學金評審。

● 作品典藏：

2016 中國美術學院美術館 China Academy of Fine Art Museum, China.
2017 愛爾蘭國立美術館 Ireland National Museum, Ireland.
2017 英國倫敦 V&A Museum, UK.
2017 中國湖南醴陵瓷谷美術館 Liling Ceramics Museum, China.

● 個展：

2018 泥舟土痕：梁家豪陶藝創作展，綻堂蒔光藝廊，台北市。
2014 梁家豪陶藝創作個展，國立臺灣藝術大學國際展覽廳。
2014 空．渡：梁家豪陶藝創作展，新北市藝文中心特展室。
2011 過渡空間：梁家豪陶塑展，新北市立鶯歌陶瓷博物館陽光特展室。

● 主要聯展：

2018 國際陶藝學會 IAC 會員展，新北市鶯歌陶瓷博物館，台灣。
2018 景德鎮春秋大集國際陶藝聯展，陶溪川美術館，中國。
2018 亞洲當代陶藝展，弘益大學現代美術館，韓國。
2017 京畿世界陶瓷雙年展，驪州陶瓷博物館，韓國。
2017 器栩皿巧：台灣陶瓷學會聯展。國立臺北科技大學藝文中心，台灣。
2017 空間轉換：西安國際當代陶藝交流展。富陶國際陶藝博物館，西安美術學院，中國。
2017 經典再造：國際當代名家陶瓷設計邀請展，湖南醴陵瓷谷美術館，中國。
2017 亞洲當代陶藝展，愛知縣陶磁美術館，日本。
2017 形塑無疆：台灣當代陶藝進行式。新北市鶯歌陶瓷博物館，台灣。
2016 中國當代青年陶藝家作品雙年展，中國美術學院美術館，中國。
2016 Stunning Edge 亞洲當代陶藝展，國立台灣工藝研究發展中心，台灣。

● 出版專書：

梁家豪（2015）。過渡空間：梁家豪的陶藝創作。138 工作室出版。
梁家豪（2015）。空・渡：梁家豪的陶藝創作研究。138 工作室出版。
梁家豪（2016）。陶藝筆記 1。138 工作室出版。
梁家豪（2017）。陶藝筆記 2。138 工作室出版。
梁家豪（2018）。陶藝筆記 3。138 工作室出版。

梁家豪

〔作者〕　野田耕一 Noda Kohichi
1968年　生於廣島縣
1993年　東京藝術大學美術研究科碩士課程陶藝專攻結業
加入鎌倉的料理店的陶窯（～1998年）
現任　祖師谷陶房常任講師
東京純心女子大學非常任講師
日本GraphicDesigner協會會員

〈主要個展〉
日本橋三越／京王百貨店／玉川高島屋／たち吉／工藝いま／うつわ一客／ギャラリー工／ACギャラリー等等。
〈主要的著作〉
《釉藥と施釉がわかる本》《絵付けと装飾がわかる本》《電動轆轤とことんマスター》《はじめての楽焼陶芸》《はじめての窯選び》《混ぜて覚える釉薬づくり》《陶芸教室が教える作陶のポイント》《化粧と施釉の大原則》（誠文堂新光社刊）等等

〔攝影〕　夏目智
〔設計〕　野田耕一
〔取材協力〕　陶藝教室・祖師谷陶房　http://www.soshigayatohboh.co.jp/
東京都世田谷區祖師谷6-3-18　TEL 03-5490-7501　FAX 03-5490-7502
Kamakura山陶藝工房　http://tougeikoubou.jp/
神奈川縣鎌倉市手　2-41-5　TEL0467-31-4581

〔主要參考文獻〕
「やきものをつくる釉藥基礎ノート」津坂和秀著／双葉社
「やきものをつくる釉藥応用ノート」津坂和秀著／双葉社
「やきものの釉」手島敦著／双葉社
「陶芸のための科学」素木洋著／建設綜合資料社
「陶瓷器釉藥うわぐすり」宮川愛太郎著／共立出版株式会社

釉藥手作帖

只要依配方混合 任誰都能簡單製作

作　者	野田耕一
翻　譯	楊哲群
發行人	陳偉祥
發　行	北星圖書事業股份有限公司
地　址	234 新北市永和區中正路 458 號 B1
電　話	886-2-29229000
傳　真	886-2-29229041
網　址	www.nsbooks.com.tw
E-MAIL	nsbook@nsbooks.com.tw
劃撥帳戶	北星文化事業有限公司
劃撥帳號	50042987
製版印刷	皇甫彩藝印刷股份有限公司
出版日	2019 年 9 月
ISBN	978-986-96920-7-6
定　價	350 元

國家圖書館出版品預行編目（CIP）資料

釉藥手作帖：只要依配方混合，任誰都能簡單製作 / 野田耕一著；楊哲群翻譯. -- 新北市：北星圖書，2019.9
面；　公分
ISBN 978-986-96920-7-6（平裝）

1.陶瓷工藝　2.釉

464.1　　107016757